高等职业教育新形态系列教材

单片机系统设计与开发案例教程

活页式教材

孙月江　亓春霞　编著

北京理工大学出版社
BEIJING INSTITUTE OF TECHNOLOGY PRESS

内容简介

本书采用活页式教材的编排方式，基于行动导向教学理念，以真实的系统开发板为主，以 Proteus 为硬件仿真平台，以"做中学"的形式帮助初学者系统掌握 AT89S51 系列单片机系统的开发和应用。全书以单片机系统开发中最常见模块和功能为基础，划分为五个学习情境，分别为单片机控制 LED 灯的显示、单片机控制数码管的显示、交通灯控制系统的制作、单片机按键控制系统、模数和数模转换控制系统。通过这些典型应用，涵盖了目前主流 51 系列单片机控制程序设计必须掌握的主要知识和技能，为学生以后从事相关工作打下良好的基础。

本书可作为应用型本科、高职教育等院校电气自动化、机电一体化、电子信息工程、应用电子技术等专业的学生学习实践单片机技术的教材，也可作为广大电子、电气工程技术人员和单片机爱好者的参考书。

版权专有　侵权必究

图书在版编目（CIP）数据

单片机系统设计与开发案例教程 / 孙月江，亓春霞编著 .-- 北京：北京理工大学出版社，2021.9

ISBN 978-7-5763-0216-5

Ⅰ.①单… Ⅱ.①孙… ②亓… Ⅲ.①单片微型计算机—系统设计—案例—高等学校—教材　Ⅳ.① TP368.1

中国版本图书馆 CIP 数据核字（2021）第 192215 号

出版发行 /	北京理工大学出版社有限责任公司
社　　址 /	北京市海淀区中关村南大街5号
邮　　编 /	100081
电　　话 /	（010）68914775（总编室）
	（010）82562903（教材售后服务热线）
	（010）68944723（其他图书服务热线）
网　　址 /	http://www.bitpress.com.cn
经　　销 /	全国各地新华书店
印　　刷 /	河北鑫彩博图印刷有限公司
开　　本 /	787毫米×1092毫米　1/16
印　　张 /	16
字　　数 /	286千字
版　　次 /	2021年9月第1版　2021年9月第1次印刷
定　　价 /	49.80元

责任编辑／赵　岩
文案编辑／赵　岩
责任校对／周瑞红
责任印制／李志强

图书出现印装质量问题，请拨打售后服务热线，本社负责调换

前　言

2019年1月24日，国务院正式印发了《国家职业教育改革实施方案》，方案提出，职业教育是深化教育改革的重要突破口，和普通教育是不同类型、同等重要的两类教育，并对职业院校的三教改革提出了新的要求。职业院校三教改革是涉及教与学各环节的综合改革。教师、教材、教法分别对应解决"谁来教""教什么""如何教"三个核心问题。但是，在以前的教学研究中，更多地关注教师和教法的改革，很少涉及对教材的改革研究。

姜大源教授在《职业教育学研究新论》中指出：长期以来，职业教育课程改革止步不前的原因在于课程微观内容的设计与编排远未跳出学科体系的藩篱，因而在这一传统观念束缚下编写的教材及其教学模式始终不能适应职业教育的需求。

职业教育教材改革需要适合职业教育的理念指导。职业教育主要是培养学生的综合职业能力，而行动导向教学法是学生综合能力培养的有效模式。行动导向教学以"行动导向驱动"为主要形式，在教学过程中充分发挥学生的主体作用和教师的主导作用，注重对学生分析问题、解决问题能力的培养，从完成某一方面的"任务"着手，通过引导学生完成"任务"，从而实现教学目标。

徐国庆教授在《职业教育项目课程原理与开发》一书中提到，传统职业教育课程在知识呈现方式上体现学科化特征，大多数教师还没有深刻理解课程的实质，往往简单地把课程理解为"内容"，而事实上对课程而言有时内容的组织比内容本身还重要。

有鉴于此，本书在选取适合高职学生学习内容的基础上，对课程内容的组织形式给予了充分的重视，基于行动导向的教学理念和六步法进行课程的编排和体例设计，大胆改革，突破创新，使之成为真正适合职业教育智能控制人才培养的重要载体。

本书以培养学生单片机系统开发综合素养为目的。采用活页式教材的编排方式，基于行动导向教学理念，以真实的系统开发板为主，以Proteus为硬件仿真平台，以"做中学"的形式帮助初学者系统掌握主流单片机系统的开发和应用。主要特色如下。

1. 基于行动导向的教学理念

纸上得来终觉浅，绝知此事要躬行。

本书基于行动导向教学理念进行编写，完全按照六步法（信息收集、计划、决策、实施、检查、评估）进行组织，遵循"实践在前，理论在后；行动在前，知识在后"的原则，让学生先在做中学，然后在学中做，先知其然，再知其所以然。教材既是教学内容的载体，更是教学理念和教学方法的呈现，基于本书，即使授课教师不熟悉行动导向教学，也完全可以按照教材和相应的教辅材料（PPT、视频、微课、练习等），实现基于行动导向的授课。

2. 融媒体教材

充分使用信息技术和信息化教学手段，综合利用文字、图片、声音、动画、视频、虚拟现实（VR）、增强现实（AR）等不同方式呈现教材内容。使用信息技术将图书变薄，内容变厚，书中重点体现重要的概念、定义和步骤，其他以二维码的方式进行展示，随学随扫，激发学生的自主学习，突破传统课堂的时空限制。

3. 活页式教材和留白

本书采用活页形式，突出教学内容的实用性和实践性，坚持以职业能力为本位，以应用为目的，以必需、够用为度，随时将行业的新技术、新工艺、新规范作为内容模块融入教材，满足职业岗位的需要。在教材使用过程中，教师可以根据具体情况对教材内容进行二次开发，学生也可以将自己的课程笔记、实训作业、体会反思等添加到活页式教材的"留白"中，从而形成完整的过程性学习资料，既可以满足学生的个性化学习要求，也可以实现教师对每个学生学习过程的把握。

4. 突出课程思政元素，强调关键能力培养

本书在内容和形式组织上突出课程思政元素，体现立德树人、协同育人、立体多元的培养方式，潜移默化地对学生的思想意识、行为举止产生影响。强调对学生关键能力的培养，以适应不断变换、飞速发展的社会需要。

5. 突出以学生为中心的教学思想

学生是学习过程的中心，教师是学习过程的组织者与协调人，遵循"资讯、计划、决策、实施、检查、评估"这一完整的"行动"过程序列，教师与学生互动，让学生通过"独立地获取信息、独立地制定计划、独立地实施计划、独立地评估计划"，在充满兴趣和渴望的"动手"的实践中，掌握职业技能、习得专业知识，构建属于自己的经验和知识体系。

6. 突出学生职业素养的培养

本书的组织学习以小组为单位，强调学习的最小单位不再是学生个体，而是学习团队。学习内容选取真实情景，层层递进，引导学生像企业技术专家一样思考，培养学生的团队精神和主动解决问题的能力。

本书适用高职教育、应用型本科等院校电气自动化、机电一体化、电子信息工程、应用电子技术等专业的学生学习、实践单片机技术，也可作为广大电子、电气工程技术人员和单片机爱好者的参考书。

为更好地服务课程教学，本书教学资源包括所有情境、项目的 PPT、微课视频、动画视频、C 程序源代码、案例库、习题库、教学大纲、教案、期末考试题等。

本书由青岛职业技术学院孙月江、山东外贸职业学院亓春霞编著，在编写过程中得到了青岛职业技术学院海尔（机电）学院学术委员会和教务处的大力支持，周楠、赵水为教材编写提供了大量素材并参与了教材部分编写任务，青岛中鲁安全技术服务有限公司总经理戾群宝提供了企业案例和技术支持，海尔工业智能研究院赵健工程师、一汽大众青岛公司王佳佳专员、淄博职业学院杨林副教授、潍坊工程职业学院孙月兴副教授、青岛技师学院申玉强副教授、中国海洋大学林旭平副教授、山东外贸职业学院仇利克博士，以及青岛港湾职业学院、青岛市高新职业学校、青岛市中德学院、胶州市职教中心、平度市职教中心、胶南市职教中心等院校专家均对教材提出了中肯的修改意见，在此一并表示由衷的感谢。

作者水平有限，书中难免有错误和不妥之处，敬请广大读者批评指正。

孙月江

目　录

学习情境一　单片机控制LED灯的显示 ... 1
项目一　单片机控制LED彩灯的亮灭 ... 3
项目二　单片机控制8个LED灯交替亮灭闪烁 ... 26

学习情境二　单片机控制数码管的显示 ... 73
项目一　使用数组控制数码管的静态显示 ... 75
项目二　LED电子时钟的制作 ... 88

学习情境三　交通灯控制系统的制作 ... 116
项目一　可中断控制的流水灯系统的制作 ... 118
项目二　简易秒表的制作 ... 146
项目三　交通灯控制系统的制作 ... 176

学习情境四　单片机按键控制系统 ... 189
项目一　按键控制LED灯的多样闪烁 ... 191
项目二　抢答器的设计与实现 ... 203

学习情境五　模数和数模转换控制系统 ... 217
项目一　将输入电压转成数字显示 ... 218
项目二　基于温度传感器的高温报警控制系统 ... 234

参考文献 ... 250

学习情境一　单片机控制 LED 灯的显示

一、情境描述

2018 年 6 月，上海合作组织青岛峰会在山东青岛成功举办。成员国领导人签署、见证了 23 份合作文件，达成了一系列重要共识。同时，"有朋自远方来"灯光焰火艺术表演聚焦"复兴之路"主题，将文艺演出与青岛的城市美景有机融合，以星空、大海、城市建筑为背景，突出灯光、音乐、焰火等艺术表现形式，将山东"一山一水一圣人"和全省 17 市融汇其中，充分展现了山东深厚积淀和青岛海洋特色（图 1.1）。入夜后的青岛，灯光璀璨、绚丽缤纷。如诗如画的美景背后离不开单片机和 LED 技术的支持。

单片机技术在物联网时代得到广泛的发展和应用。在日常生活、一般工业、国防和航天等领域都离不开单片机这颗"芯"的控制。

单片机控制 LED 灯的显示，是单片机众多应用中最为常见的一种。根据 LED 灯本身特性和管脚输入的电流，单片机能够控制 LED 灯显示丰富多彩的内容，应用在楼体亮化、广告牌背景、立交桥、河、湖护栏、建筑物轮廓等大型动感光带的夜景照明之中，可产生彩虹般绚丽的效果。

单片机控制 LED 灯的显示，原理较为简单，硬件结构清晰，软件编程及控制点亮效果明确，很适合初学者对单片机的学习和理解。

图 1.1　灯光焰火艺术表演

学习笔记

二、目标要求

※ 知识目标

（1）了解单片机的发展、类型和应用领域；

（2）掌握单片机的基本概念和结构；

（3）掌握 C 语言单片机开发的基本语法。

※ 技能目标

（1）能够阅读和绘制单片机的基本电路图；

（2）能够实现 LED 灯和单片机开发板的硬件连接；

（3）能够使用 Keil 开发工具进行软件的编程和调试；

（4）能够分析程序设计流程，对系统进行联调。

※ 素养目标

（1）能够在团队合作中准确地表达自己的见解，认真听取其他成员建议，进行顺畅的交流；

（2）能够针对任务要求，提出自己的改进方法，进行一定的创新设计；

（3）能够对硬件电路设计和编写的程序进行持续的改进，具备精益求精的工匠精神。

单片机控制 LED 彩灯的亮灭

一、项目描述

基于 STC89C51 单片机和最小系统,控制一个简单的 LED 彩灯,实现亮灭闪烁功能,如图 1.2 所示。扫描二维码显示任务实现效果。

图 1.2　LED 彩灯亮灭显示效果

LED 彩灯亮灭显示效果演示

二、项目分析

完成单片机控制 LED 彩灯的亮灭是单片机控制系统中较为简单的任务实现。任务虽小,但同样需要单片机控制系统的所有工作流程,需要经历硬件准备、软件准备、硬件软件互联、编程实现、程序下载运行等阶段,对于初学者掌握单片机控制系统的开发具有很高的学习意义。该任务需要掌握的知识技能如下:

(1) 单片机和 LED 灯的硬件工作原理;
(2) Keil C51 开发环境的应用;
(3) C 语言程序的基本语法和程序结构;
(4) 单片机、LED 和 Keil C51 软件的互联;
(5) 程序的编写、编译、下载。

学习路线如图 1.3 所示。

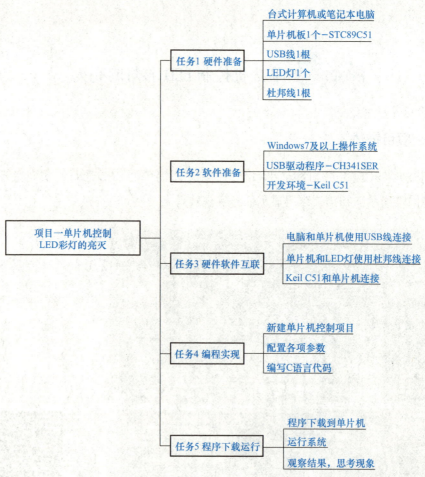

图 1.3　点亮一个 LED 灯学习路线

三、项目实现

1. 知识准备（资讯、收集信息）

任务 1　硬件准备

进行单片机控制系统的学习和开发设计，首先需要必备的硬件设备和各类元器件。在本项目中，需要的硬件包括台式计算机或笔记本电脑（用于实现对单片机系统的编程和连接控制，满足 CPU 双核主频 1.0 GHz，内存 4 G，硬盘 100 GB 以上）、单片机开发板（本项目采用德飞莱 LY-51S 开发板，如图 1.4 所示）、USB 线（实现单片机与计算机的连接）、LED 灯（LY-51S 开发板自带）、杜邦线一条。

单片机开发板的拆装

德飞莱 LY-51S 开发板采用独立模块式结构，大部分模块都是完全独立的，仅有电源部分连接，信号部分默认悬空，需要用到某个器件时，使用杜邦线连接到对应的单片机端口，不使用时悬空即可。该开发板设计自由度高，端口配置灵活。

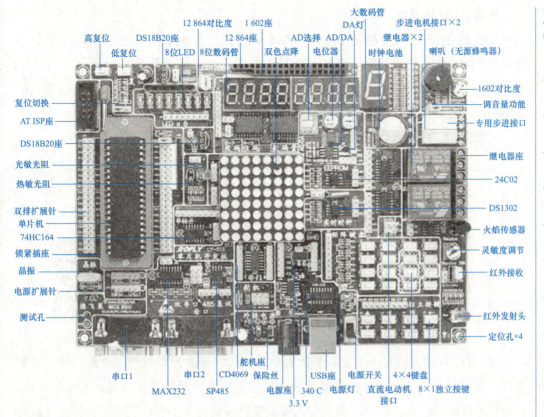

图 1.4　单片机开发板

引导问题 1

拿起面前的 LY-51S 开发板，找到单片机，记录下该单片机的型号：_____，数一数开发板上的单片机有_____引脚。

引导问题 2

观看视频，动手把单片机从开发板上拆下，然后再装上，将注意事项填在下面横线上。

_____

_____

引导问题 3

找到开发板上的 USB 接口，将 USB 线连接到开发板。将注意事项填写到横线上。

_____

引导问题 4

找到开发板的电源开关，拨动该开关，观察现象。将注意事项填到横线上。

_____

_____

任务2 软件准备

完成该项目开发需要的软件包括：Windows 7 及以上操作系统，USB 驱动程序，下载软件 STC-ISP，集成开发环境 Keil C51。

（1）USB 驱动程序。在计算机和单片机开发板进行连接时，采用的是 USB 接口的通信协议，需要安装 USB 驱动，实现数据通信。安装成功后界面如图 1.5 所示。

图 1.5 安装成功后界面

USB 驱动程序安装

（2）STC-ISP。STC-ISP 是一款针对单片机所制作的计算机烧录软件，通过这款工具，用户只需要结合编程技术以及 RS485 控制功能对新的硬件设备定制编程计划，就能快速将用户的程序代码与相关的选项设置打包成为一个可以直接对目标芯片进行下载编程可执行文件，可下载 STC89 系列、12C2052 系列和 12C5410 等系列的 STC 单片机，使用简便。

可以从官网（http://www.stcmcu.com）下载该软件并进行安装。安装后的主界面如图 1.6 所示。

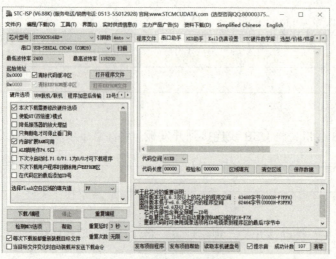

图 1.6 STC-ISP 安装后的主界面

STC-ISP 程序安装

（3）Keil C51。Keil C51 是美国 Keil Software 公司出品的 51 系列兼容单片机 C 语

言软件开发系统，与汇编相比，C 语言在功能上、结构性、可读性、可维护性上有明显的优势，因而易学易用。Keil 提供了包括 C 编译器、宏汇编、链接器、库管理和一个功能强大的仿真调试器等在内的完整开发方案，通过一个集成开发环境（μVision）将这些部分组合在一起。运行 Keil 软件需要 Windows 98、NT、Windows 2000、Windows XP 等操作系统。如果使用 C 语言编程，那么 Keil 是不二之选，即使不使用 C 语言而仅用汇编语言编程，其方便易用的集成环境、强大的软件仿真调试工具也会使用户事半功倍。安装成功后的界面如图 1.7 所示。

Keil C51 程序安装

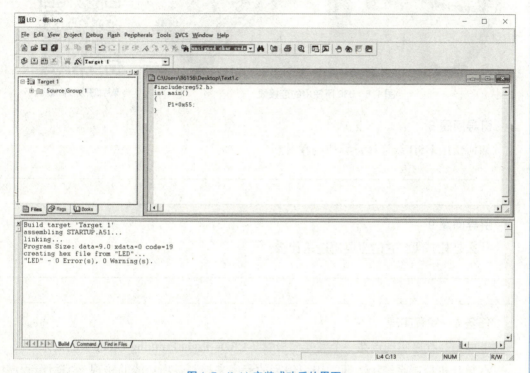

图 1.7 Keil 安装成功后的界面

引导问题 5

如何查看当前单片机使用的端口？

引导问题 6

STC-ISP 软件的主要作用是什么？如何下载安装？

引导问题 7

Keil 的主要作用是什么？还有没有其他的类似软件实现单片机的开发？

任务3 硬件软件互联

在安装好单片机所需要的开发软件之后,就可以通过USB线将单片机和计算机连接起来,所使用的连接线如图1.8所示。USB口接计算机的USB接口,另一端接单片机的USB接口。通过连接线将计算机与单片机连接后,就建立了两者之间的信息传递通道,并将计算机中编写的程序传递到单片机中,驱动单片机工作。

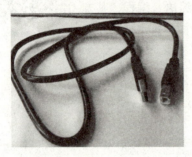

图1.8 USB所使用的连接线

单片机开发项目流程

引导问题8

如何使用USB线连接计算机与单片机?

引导问题9

什么是杜邦线?它的主要用途是什么?

任务4 编程实现

下面编写程序实现点亮一个发光二极管(LED- Light Emitting Diode)的效果。

在单片机控制系统中,通过用户编写的程序来控制各项功能的实现。编写源程序的流程:建立工程→输入源程序→添加源程序→进行工程设置→编译源程序→进行动态调试→运行。

具体实现步骤如下(图1.9):

(1)打开Keil μVision 5;

(2)新建一个项目,选择保存路径并命名;

(3)选择对应的芯片型号(如果使用的是STC系列单片机,不管具体什么型号,选择AT89S52或者AT89C52);

(4)新建一个空白文本,编写C语言代码;

(5)保存文件,输入文件名,文件名的扩展名必须为".c";

(6)将文件加入Source Group1;

（7）进行编译前参数设置：Options for Target "Target1"，将 Create HEX Fi 前的多选框勾选；

（8）进行编译工作：Rebuild all target files（重新编译所有目标文件）。

图 1.9 "点亮一个 LED 灯"编程实现

源代码编写完成后，一般需要进行调试，以便查找和修正错误，保证写好的源程序正确运行，基本调试有以下手段：

（1）运行到光标行——从当前行运行到光标所在行（Ctrl+F10）；

（2）严格单步运行——遇到函数时也单步进行（F11）；

（3）跨函数单步运行——遇到函数时将其视作一行语句（F10）；

（4）断点运行——全速运行到断点行停止（双击设置/解除断点）；

（5）监视输出端口——打开 I/O 窗口（Peripherals → I/O-Ports）；

（6）监视运行变量——打开 Watch#1 窗口（单击 Add to Watch）。

Keil C52 程序编写演示

编译过程中出现错误后，将错误信息窗口右侧的滚动条拖到最上面，双击第一条错误信息，可以看到 Keil 软件自动将错误定位，根据这个大概位置和错误提示信息，自己再查找和修改错误。

引导问题 10

STC 系列单片机在编程时，为什么可以选择 AT89S52 或者 AT89C52 这样的型号？

学习笔记

引导问题 11

为什么保存文件的扩展名必须为".c"？

_____
_____

引导问题 12

为什么必须将 Create HEX Fi 前的多选框勾选，能起到什么样的作用？

_____
_____

引导问题 13

进行编译工作的目的是什么？

_____
_____

引导问题 14

仔细观察编译后的信息输出窗口，解释 Building target，compiling，linking，Error（s）和 Warning（s）表示的含义。

_____
_____

任务 5　程序下载运行

程序编写完成并进行编译生成 16 进制代码后，就可以下载到单片机中运行。下载运行步骤如下：

（1）关闭单片机电源开关；
（2）使用数据线连接单片机与计算机；
（3）使用 STC-ISP 软件将 16 进制形式的代码下载到单片机；
（4）查看运行效果。

实现演示效果后，小组讨论并完成引导问题 15～18。

程序下载运行演示

引导问题 15

单片机应用系统开发的基本流程是怎样的？

_____
_____

引导问题 16

在代码中,你感觉哪个地方最难理解?

_____

_____

引导问题 17

通过本项目,你认为单片机能干什么?

_____

_____

引导问题 18

你觉得单片机最需要掌握的知识是哪些?

_____

_____

2. 制定计划

根据项目一单片机控制 LED 彩灯的亮灭,所提出的任务要求,小组内互相讨论,制定工作计划(表 1.1)(工作时间列中,"实际"列先不填写)。将本小组选择该工作计划的理由写到下面横线上,并选派代表向全班汇报展示。

_____

表 1.1　工作计划表

序号	工作阶段/步骤	准备清单 元器件/工具/辅助材料	工作安全	工作人员	工作时间	
					计划	实际
1						
2						
3						
4						
5						
6						
工作环境保护						

日期:　　　　　　　　　教师:　　　　　　　　　学生:

学习笔记

3. 决策

在充分分析并吸取其他各小组汇报的工作计划及教师点评的基础上,小组内部进行讨论,对原工作计划修改完善,制定新的工作计划。

注意:使用一种不同颜色的书写笔在原工作计划表上进行修改。

4. 实施

实施步骤1　学生任务分配

填写学生任务分配表,见表1.2。

表1.2　学生任务分配表

班级		组号		指导教师	
组长		组员			
组员及分工	姓名			任务	

实施步骤2　工具及器件检测

请正确选择项目中使用的工具和器件,在使用过程中注意维护与保养。工具使用前要对工具状态进行检查,若有损坏及时进行更换。填写工具及器件检测表,见表1.3。

表1.3　工具及器件检测表

序号	名称	工具状态是否良好	损坏情况(没有损坏则不填写)
1	单片机开发板	是○否○	
2	计算机	是○否○	
3	杜邦线	是○否○	
4	USB 连接线	是○否○	
5	Keil C51	是○否○	
6	STC-ISP	是○否○	
7	LED 灯(开发板上)	是○否○	
8	USB 驱动	是○否○	

实施步骤 3　点亮 LED 灯

完成硬件连接、程序编写、软硬件互联、通电、点亮等各项具体的功能要求，填写完成项目任务单（表 1.4），并填写工作计划表（表 1.1）中的实际时间栏。

表 1.4　项目任务单

序号	产品（任务）名称	完成情况	完成时间	责任人
1				
2				
3				
4				
5				
6				
7				

5. 检查

对照项目需求，明确检测要素，组内检测分工，仔细检查该项目的完成度，并填写表 1.5。若实施过程中出现故障，填写故障排查表（表 1.6）。

表 1.5　检测表

序号	检测要素	检测人员	完成度	备注
1				
2				
3				
4				

表 1.6　故障排查记录表

序号	故障现象	排查过程	解决方法
1			
2			
3			
4			

学习笔记

6. 评估

项目完成后,综合个人以及小组和班级其他同学在项目完成过程中的表现,对自己做出客观评价,明确学习的重点和后期的改进方向,并认真填写表1.7。

表1.7 综合评价

评价指标	评价内容	评价(百分制)
信息检索	能根据工作需要有效利用网络、图书资源、工作手册查找有用的相关信息	
仪态表达	表述仪态自然、吐字清晰;表达思路清晰、层次分明、准确	
团队精神	积极主动参与工作,与教师、同学之间相互尊重、理解、平等,保持多向、丰富、适宜的信息交流;能提出有意义的问题或能发表个人见解;能够倾听别人意见、协作共享	
学习方法	学习方法得体,有工作计划;探究式学习、自主学习不流于形式,处理好合作学习和独立思考的关系,做到有效学习	
工作过程	遵守管理规程,操作过程符合现场管理要求;善于多角度分析问题,能主动发现、提出有价值的问题;能够正确完成工作任务	
工匠精神	硬件连接稳定、可靠、美观;代码编写规范严谨,有必要的注释	

四、知识扩展

1. 单片机的概念

单片机,就是把中央处理器CPU(Central Processing Unit)、存储器(Memory)、定时器/计数器、中断、输入/输出I/O(Input/Output)接口电路等功能部件集成在一块集成电路芯片上的微型计算机,如图1.10所示。单片机常被作为控制部件嵌入应用系统,所以也被称为嵌入式微控制器或嵌入式单片微机。

图1.10 单片机

2. 单片机的组成结构

(1)中央处理器。中央处理器是计算机的核心部件,它由运算器和控制器组成,主要完成计算机的运算和控制功能。

（2）存储器。存储器是具有记忆功能的电子部件，分为程序存储器和数据存储器两类。程序存储器用来存储程序、表格等相对固定的信息；数据存储器用来存储程序运行期间所用到的数据信息。

单片机的组成结构

（3）输入/输出接口。输入/输出接口是CPU与相应的I/O设备（如：键盘、鼠标、显示器、打印机等）进行信息交换的桥梁。其主要功能是协调、匹配CPU与外设的工作。

（4）串行口。串行口可以实现单片机和其他设备之间的串行数据传送。它既可作为全双工异步通用收发器使用，又可作为同步移位寄存器使用。

（5）定时器/计数器。定时器/计数器用于实现定时或计数功能，并以其定时或计数结果对操作对象进行控制。

（6）中断控制系统。中断控制系统是单片机为满足各种实时控制的需要而设置的，是重要的输入输出方式。8051单片机中有5个中断源，它们又可以分为高级和低级两个优先级别。

（7）时钟电路。时钟电路主要由振荡器和分频器组成，为系统各工作部件提供时间基准。串口、中断、定时/计数是单片机重要的内部资源，为CPU控制外部设备，实现信息交流提供了强有力的支持。

（8）总线（BUS）。总线是计算机各工作部件之间传送信息的公共通道。总线按照其功能可分为数据总线DB（Data Bus）、地址总线AB（Address Bus）和控制总线CB（Control Bus）三类，分别传送数据信息、地址信息和控制信息。

单片机的组成结构如图1.11所示。

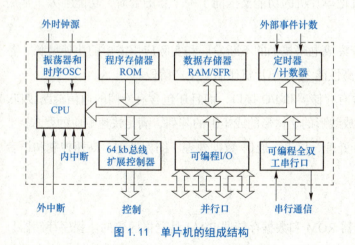

图1.11 单片机的组成结构

单片机的工作原理

3. 单片机的发展历程

单片机自诞生以来，发展迅速，应用广泛。先后经历了4位机、8位机、16位机和32位机几个有代表性的发展阶段，如图1.12所示。

学习情境一　单片机控制LED灯的显示　■　15

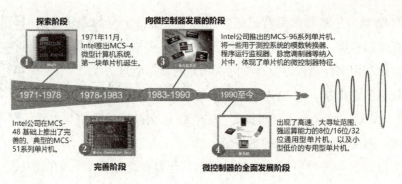

图 1.12 单片机的发展历程

（1）4 位单片机。自 1975 年美国得克萨斯仪器公司首次推出 4 位单片机 TMS-1000 后，各个计算机生产公司竞相推出 4 位单片机。

1）特点：体积小，价格低宜，功能简单，片内程序存储器 ROM 为 2~8 kb，数据存储器 RAM 为 128×4~512×4 位。

2）应用：家用电器、计算机、高档电子玩具等数据量要求较小而时间要求较高的领域。

单片机的发展历程

（2）8 位单片机。1976 年 9 月，美国 Intel 公司首先推出了 MCS-48 系列 8 位单片机，从此，单片机发展进入一个新的阶段，8 位单片机应运而生。随着集成电路工艺水平的提高，在 1978 年到 1983 年，集成电路的集成度提高到几万只管/片。随着应用需求的不断增长，各生产厂家在高档 8 位单片机的基础上，又相继推出了超 8 位单片机。

（3）16 位单片机。1983 年以后，集成电路的集成度可达十几万只管/片，16 位单片机逐渐问世。16 位单片机把单片机的功能又推向了一个新的台阶，功能强大，常用于高速复杂的控制系统。

（4）32 位单片机。随着集成电路技术的不断发展和实际应用需要的快速增长，各个计算机生产厂家相继进入高性能 32 位单片机研制、生产阶段。

32 位单片机，不仅包含有存储器和 I/O 接口，而且还包含有专门的通信链路接口，能按计算方法的特点直接连成线形的、树形的或矩形的阵列，满足快速响应的要求。

32 位单片机可用于信号处理、仪表、通信 数据处理、图像处理、高速控制和语音处理等许多方面。

4. 单片机的特点

（1）单片机的程序存储器 ROM 和数据存储器 RAM 是严格区分的。程序存储器只存放程序、固定常数及数据表格。数据存储器用作工作区及存放用户数据。小容量的数据存储器能以高速 RAM 形式集成在单片机内，以加速单片机的执行速度。

（2）采用面向控制的指令系统。为满足控制的需要，单片机有强大的逻辑控制能力，特别是具有很强的位处理能力。

(3)单片机的 I/O 引脚通常是多功能的。引脚处于何种功能,可由指令来设置或由机器状态来区分。能解决实际引脚数和需要的信号线的矛盾。

(4)单片机的外部扩展能力强。在内部的各种功能部件不能满足应用需要时,均可在外部进行扩展(如扩展 ROM、RAM、I/O 接口、定时器/计数器、中断系统等),与许多通用的微机接口芯片兼容。给应用系统设计带来极大的方便和灵活性。

(5)结构功能优化。能方便灵活地组成各种智能测控仪器仪表和设备。

(6)可靠性高。单片机芯片是按工业测校环境要求设计的。产品在 120 ℃温度条件下经 44 h 老化处理,并通过电气测试及最终质量检验,可以适应各种恶劣的工作环境。

此外,单片机还具有体积小、成本低、使用灵活、集成度高、面向控制、可靠性高、抗干扰能力强、低功耗、低电压、可以方便地实现多机和分布式控制等特点。

5. 单片机的应用

单片机应用广泛,无处不有。下面列出几个方面为例:

(1)日常生活中的单片机电器产品,如电子秤、电脑缝纫机、便携式心率监护仪、洗衣机等。

(2)单片机在计算机外部设备中的应用,如微型打印机、软盘驱动器、硬盘驱动器等。

(3)智能化仪器仪表。这是目前单片机应用最多、最活跃的领域。引入单片机,可以使仪器仪表数字化、智能化、微型化,并可提高测量的自动化程度和精度,简化仪器仪表的硬件结构,提高其性价比。

(4)单片机在实时控制中的应用。如工业测控、航空航天、尖端武器、机器人、汽车、船舶等实时控制系统中。单片机通过串行通信相互联系、协调工作。单片机在这种系统中往往作为一个终端机,安装在系统的某些节点上,对现场信息进行实时的测量和控制。单片机的高可靠性和强抗干扰能力,使它可以置于恶劣环境的前端工作。

比较高档的单片机都具有通信接口,为单片机在计算机网络与通信设备中的应用创造了很好的条件。

6. LED 的工作原理

发光二极管常用来指示系统工作状态,制作节日彩灯、广告牌匾等(图 1.13)。

发光二极管与普通二极管一样由一个 PN 结组成,也具有单向导电性。当给发光二极管加上正向电压后,从 P 区注入 N 区的空穴和由 N 区注入 P 区的电子,在 PN 结附近数微米内分别与 N 区的电子和 P 区的空穴复合,产生自发辐射的荧光(图 1.14)。不同的半导体材料中电子和空穴所处的

LED 的工作原理

学习笔记

能量状态不同。电子和空穴复合时释放出的能量多少不同,释放出的能量越多,则发出的光的波长越短。常用的是发红光、绿光或黄光的二极管。发光二极管的反向击穿电压大于 5 V。它的正向伏安特性曲线很陡,使用时必须串联限流电阻以控制通过二极管的电流。

(1)发光条件:只要发光二极管上有 5~20 mA 的从左到右的正向电流从发光二极管的正端流过负端,发光二极管就会被点亮。电流越大,亮度也越高。

(2)实现方式:CPU 控制 P1.1 管脚上输出低电平,发光二极管就被点亮了。端口引脚为低电平,能使灌电流 I_d 从单片机外部流入内部,则将大大增加流过的灌电流值。任一端口要想获得较大的驱动能力,要用低电平输出(图1.15)。如一定高电平驱动,可在单片机与发光二极管间加驱动电路,如 74LS04、74LS244 等。

图 1.13 发光二极管

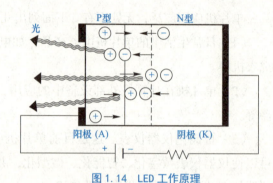

图 1.14 LED 工作原理

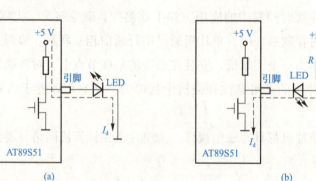

图 1.15 二极管点亮实现方式

(a)不恰当的连接:高电平驱动;(b)恰当的连接:低电平驱动

引导问题 19

如果想改进项目一,同时点亮 2 个 LED 灯,需要对程序进行怎样的修改?

引导问题 20

为保证发光二极管正常工作，同时减少功耗，限流电阻的选择十分重要，若供电电压为 +5 V，则限流电阻可选多少？

_____

_____

7. C 程序设计 1——基础知识

（1）C 程序的结构。函数是 C 程序的主要组成部分，一个 C 程序是由一个或多个函数组成的，必须包含一个 main 函数（只能有一个）。每个函数都用来实现一个或几个特定功能，被调用的函数可以是库函数，也可以是自己编制设计的函数。

程序设计语言的原则

一个函数包括函数首部和函数体两个部分。

函数首部一般包括函数类型、函数名、参数，如图 1.16 所示。

图 1.16 函数首部

函数体包括声明部分和执行部分。

声明部分：定义本函数中用到的变量，对本函数所调用的函数进行声明。

执行部分：由若干个语句组成，指定在函数中进行的操作。

main（）函数的基本结构如下：

```
类型说明符 main(参数表)
参数说明；
{
    变量类型说明；
    执行语句部分；
}
```

引导问题 21

在点亮一个 LED 灯的程序中，哪些是函数首部、函数体、函数类型、函数名、参数、声明部分、执行部分？

_____

_____

（2）常用宏命令介绍。编译一个 C 语言程序的第一步骤就是预处理阶段，C 语言提供的预处理功能主要有宏定义、文件包含、条件编译。

C51 源程序一般需要用宏包含命令 include 将"reg52.h"头文件包含到源程序中。

1) #include 宏包含命令。

宏包含命令格式：#include "具体头文件名"或 #include< 具体头文件名 >。

作用：将"reg52.h"头文件包含到程序中来。

2) #define 宏定义命令。

宏定义命令格式：#define 宏替换名 宏替换体。

程序中"#define uchar unsigned char"将"unsigned char"定义为"uchar"，编译时用"unsigned char"替换"uchar"。

（3）C51 程序的数据类型。基本数据类型：字符型 char 或 unsigned char；实型 float 或 double；整型 short 或 int 或 long，见表 1.8。

构造数据类型：数组、结构体、联合体。

C语言的数据类型

表 1.8　C51 程序基本数据类型

类型	所占位数	数的范围	说明
int	16	−32 768 ～ 32 767	整型
short[int]	16	−32 768 ～ 32 767	短整型
long[int]	32	−2 147 483 648 ～ 2 147 483 647	长整型
unsigned int	16	0 ～ 65 535	无符号整型
unsigned short	16	0 ～ 65 535	无符号短整型
unsigned long	32	0 ～ 4 294 967 295	无符号长整型
float	32	10^{-38} ～ 10^{38}	单精度实型
double	64	10^{-308} ～ 10^{308}	双精度实型
char	8	−128 ～ +127	字符型
unsigned char	8	0 ～ 255	无符号字符型

除上述常规格式外，51 单片机还有 3 种新的存储格式：

bit 型：用于定义一个位变量。

语法规则：bit bit_name　[= 0 或 1];

例如：bit door=0;// 定义一个叫 door 的位变量且初值为 0

sfr 或 sfr16 型：用于定义 SFR 字节地址变量。

语法规则：sfr sfr_name= 字节地址常数；

　　　　　sfr16 sfr_name= 字节地址常数；

例如：sfr P0=0x80;　　　　　　　// 定义 P0 口地址 80H

　　　sfr　PCON=0x87;　　　　　// 定义 PCON 地址 87H

　　　sfr16　DPTR=0x82;　　　　// 定义 DPTR 的低地址 82H

sbit 型：用于定义 SFR 位地址变量。

sbit 型有三种定义形式：

1）将 SFR 的绝对位地址定义为位变量名：

sbit bit_name= 位地址常数；

例如，sbit CY=0xD7；

2）将 SFR 绝对位地址的相对位位置定义为位变量名：

sbit bit_name= 位地址常数 ^ 位位置；

例如，sbit CY=0xD7^3；

3）将 SFR 的相对位位置定义为位变量名：

sbit bit_name= sfr_name ^ 位位置；

例如，sbit CY=PSW^7；

C51 编译器在头文件"REG51.H"中定义了全部 sfr/sfr16 和 sbit 变量。

引导问题 22

查阅 REG51.H 头文件，写出 P0、P1、P2、P3 口的定义地址。

注意： 用一条预处理命令 #include<REG51.H> 把这个头文件包含到 C51 程序，无须重新定义即可直接使用它们的名称。

存储类型体现了变量的存放区域。51 系列单片机共有 6 个存储类型（分布在 3 个逻辑存储空间中，如图 1.17 所示）。

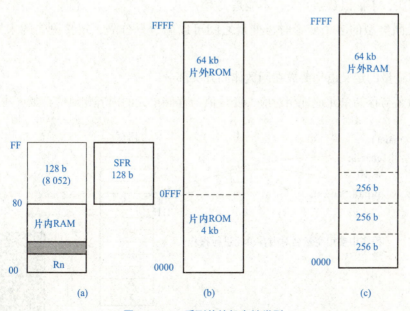

图 1.17　51 系列单片机存储类型

（a）片内数据存储器；（b）程序存储器；（c）片外数据存储器

引导问题 23

填写表 1.9,区分不同存储类型的特点。

表 1.9 存储类型特点

存储类型	存储空间位置	特点
data		
bdata		
idata		
pdata		
xdata		
code		

注意:头文件中定义的变量都是大写的,若程序采取小写变量则需要重新定义。

(4)变量和常量。

1)变量是程序在运行过程中其值可以变化的量。

变量必须先定义,后使用。定义变量时要指定变量名和数据类型,方式如下:

数据类型说明符　变量名;

意义:变量定义相当于在内存中开辟空间,开辟空间的大小、变量所表示的范围、能参与的运算均由变量的数据类型决定,该空间的别名即变量名。

变量名:合法的标识符。只能包含英文字母、数字和下划线;只能以英文字母和下划线开头,不能以数字开头;不能是关键字。

定义同类型的多个变量时,变量之间可以用逗号分隔,定义语句的末尾以分号结束。

所有变量的定义语句要放在函数体的开头部分。

变量名与存储单元地址相对应,变量值与存储单元的内容相对应,如图 1.18 所示。

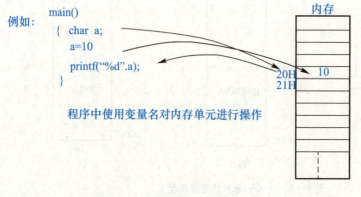

图 1.18　变量名与存储单元

C 语言的变量和常量

引导问题 24

以下变量名称错误的有哪些：i、a、3com、a*b、count、number_of_book、BOOK_NUMBER、char、sum100、_total？

2）常量是在程序运行过程中，其值不能被改变的量。

整型常量：如 1 000，12 345，0，-345。

实型常量：

十进制小数形式：如 0.34，-56.79，0.0。

指数形式：如 12.34e3（代表 $12.34×10^3$）。

字符常量：如'?'。

转义字符：如'\n'。

字符串常量：如"boy"。

符号常量：#define PI 3.1416。

（5）C51 程序中的赋值运算符。

普通赋值运算符："="，例如：

i=0xaa;   // 相当于将十进制数 170 赋值给变量 i

i=100;   // 将十进制数 100 赋值给变量 i

注意：C 语言语句都以"；"结束，0xaa 说明 aa 为 16 进制数，"0x"是 C 语言中 16 进制数说明符号。

（6）C51 程序中的数制及表示形式。

1）二进制数制。

数字：0、1。

加法规则："0+0=0""0+1=1""1+1=0 同时向前进 1"。

减法规则："0-0=0""1-0=1""1-1=0""0-1=1 同时向前借 1"。

2）十六进制数制。

十六进制数字：0、1、2、3、4、5、6、7、8、9、A、B、C、D、E、F。

加法规则：遵循逢十六进一的原则，如"9+A=3 同时向前进 1"。

减法规则：遵循不够减向前借一的原则，如"1-8=9 同时向前借 1"。

十进制数、二进制数、十六进制数的关系见表 1.10。

表 1.10 十进制数、二进制数、十六进制数关系表

十进制数	二进制数	十六进制数	十进制数	二进制数	十六进制数
0	0000	0	2	0010	2
1	0001	1	3	0011	3

学习笔记

续表

十进制数	二进制数	十六进制数	十进制数	二进制数	十六进制数
4	0100	4	10	1010	A
5	0101	5	11	1011	B
6	0110	6	12	1100	C
7	0111	7	13	1101	D
8	1000	8	14	1110	E
9	1001	9	15	1111	F

引导问题 25

（1）将 11000101 转换成十进制。

（2）将 11000101 转换成十六进制。

（3）将 255 转换成二进制。

（4）将 255 转换成十六进制。

（5）什么是 ASCII 码，大写字母 A 的十进制数是什么？

五、项目小结

1. 单片机应用开发的基本流程是怎样的？

2. 代码中你感觉哪个地方最难理解？

3. 你现在最想了解单片机的哪些内容？

4. 通过本项目，你认为单片机能干什么？

5. 你觉得学习单片机最需要掌握的知识是哪些？

项目二 单片机控制 8 个 LED 灯交替亮灭闪烁

一、项目描述

在初步实现点亮一个 LED 彩灯后，就可以在此基础上实现更加复杂的功能，让 LED 变幻出更绚丽的样式。多个 LED 彩灯的交替亮灭闪烁就是很经典的一种表现形式，在实际工作中也是最为常见的单片机控制场景之一（图 1.19）。

该项目要求 LED 首先进行快速闪烁（速率约为 10 次/秒）10 次，然后进行中速闪烁（速率约为 3 次/秒）10 次，最后进行慢速闪烁（速率约为 1 次/秒）10 次。

图 1.19 LED 彩灯亮灭显示效果

8 个 LED 彩灯交替亮灭显示效果演示

二、项目分析

在完成项目一的过程中，同学们已经学会了开发单片机控制系统的基本流程和必要的基础知识。单片机控制 8 个 LED 灯交替亮灭闪烁的任务较点亮一个 LED 灯变得复杂了很多，但实现的基本方法和项目一类似。同样需要经历硬件准备、软件准备、硬件软件互联、编程实现、程序下载运行等阶段，另外还需要学习掌握更多的 C 语言编程知识。万丈高楼平地起，该项目同样需要由易到难，循序渐进地逐步完成。

项目二采用 5 个任务层层递进的方式，实现越来越复杂，功能更加丰富的单片机 LED 灯的控制。学习路线图如图 1.20 所示。

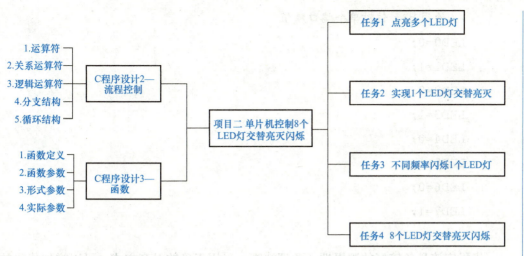

图 1.20　单片机控制 8 个 LED 灯交替亮灭闪烁学习路线图

三、项目实现

1. 知识准备（资讯、收集信息）

任务 1　点亮多个 LED 灯

点亮多个 LED 灯的方法和点亮 1 个 LED 灯类似，也是将需要点亮的 LED 灯对应单片机引脚设置为低电平。

要求： 实现 8 个 LED 灯间隔亮灭。

分析： 对 P1 端口的 8 个引脚进行逐个赋值 0 或 1。

参考代码如下：

点亮多个 LED 灯效果

```c
#include<reg52.h>
// 使用 sbit 关键字定义 8 个变量分别对应 P1 的 8 个端口
sbit LED0=P1^0;
sbit LED1=P1^1;
sbit LED2=P1^2;
sbit LED3=P1^3;
sbit LED4=P1^4;
sbit LED5=P1^5;
sbit LED6=P1^6;
sbit LED7=P1^7;

int main()
{
```

学习笔记

```
                // 使用bit位对单个端口赋值
    LED0=0;
    LED1=1;
    LED2=0;
    LED3=1;
    LED4=0;
    LED5=1;
    LED6=0;
    LED7=1;
}
```

代码应该具备较好的逻辑性,条理清晰。采用正确的对齐方式,可以增加代码的可读性,易于理解。

小技巧

选中代码,使用 Tab 键可以实现代码的缩进。使用 Shift+Tab 键可以反向缩进。

引导问题1

进行软硬件连接,编辑并编译程序,观察实现效果。

引导问题2

该程序在实现上存在哪些缺点?

_____
_____
_____
_____

注意:该部分需要用到的 C 语言知识,在本项目四、知识扩展中学习。

改进方法:对 P1 进行统一赋值,LED7～LED0,分别赋值 10101010,即十六进制的 0x55。所以程序可以修改为

```
#include<reg52.h>
void main (void)
{
P1=0x55;                // 换成二进制是 01010101
}
```

引导问题 3

程序代码这么写的优点是什么？为什么可以这么写？

任务 2　实现 1 个 LED 灯交替亮灭

要求： 上述任务中，实现了点亮 1 个 LED 灯，现要求实现该 LED 灯交替亮灭的效果。

分析： 点亮 LED 灯，需要将对应的引脚设置成低电平，同样的，熄灭 LED 灯只需要将对应的引脚设置成高电平即可。所以，写出代码如下：

```
#include<reg52.h>
sbit LED1=P1^0;
void main ( )
{
  LED1=0;
  LED1=1;
}
```

一个 LED 灯交替亮灭效果

引导问题 4

进行软硬件连接，编辑并编译程序，观察实现效果。

引导问题 5

观察程序运行，将运行结果写到下面，并解释导致该现象可能的原因。

注意： 该部分需要用到的 C 语言知识，在本项目四、知识扩展中的流程控制部分学习。加入延时程序，修改代码如下：

```
#include<reg52.h>
sbit LED1=P1^0;
void main ( )
{
  int a=50000;
  LED1=0;
  while(a--);
  LED1=1;
}
```

学习情境一　单片机控制 LED 灯的显示　29

学习笔记

引导问题 6

观察程序运行,将运行结果写到下面,并解释导致该现象可能的原因。

_____

_____

引导问题 7

完成程序代码,以满足任务 2 的功能要求。

```
#include<reg52.h>
sbit LED1=P1^0;
void main ( )
{
    int a=50000;
    LED1=0;
    _____;
    LED1=1;
    _____;
}
```

引导问题 8

在计算机中找到 reg52.h 文件,打开,观察文件中的内容,回答为什么需要在程序的开始位置使用 include 将该文件包含到程序中?

_____

引导问题 9

通过学习上述程序,你认为在编写单片机 C 语言程序时有哪些事项需要特别注意?

_____

任务 3 不同频率闪烁 1 个 LED 灯

要求:实现 P1.0 端口控制的 LED 灯按照不同的频率闪烁。首先进行快速闪烁(速率约为 10 次/秒)10 次,然后进行慢速闪烁 10 次(速率约为 1 次/秒)。两种速率的闪烁交替进行。

分析:

(1)使用两个 for 循环语句一次实现快速闪烁 10 次和慢速闪烁 10 次。

（2）使用 while 语句，保持条件总是为真，实现两种速率的闪烁交替进行。

（3）参照任务 2 实现延时。

程序实现如下：

```c
#include<reg52.h>
sbit LED1=P1^0;
int main()
{
    unsigned char i;//定义无符号字符型变量i, 范围 0~255
    while(1)
    {
        for(i=1;i<10;i++)//for 循环执行 10 次
        {
            int a=5000;
            LED1=0;        //P1.0 口赋值 0, 对外输出低电平
            while(a--);
            LED1=1;        //P1.0 口赋值 1, 对外输出高电平
            a=5000;
            while(a--);
        }
        for(i=1;i<10;i++)
        {
            int a=50000;
            LED1=0;
            while(a--);
            LED1=1;
            a=50000;
            while(a--);
        }
    }
}
```

该任务中，两个 for 循环中都需要进行 LED 灯的演示操作。

延时是单片机程序中常用的一个功能，所以一般会将类似的常用功能以函数的形式实现，在需要的时候可以直接调用。该任务中的延时程序以函数的形式呈现如下：

```c
void Delay(unsigned int t)
{
  while(--t);
}
```

将该延时程序应用到任务 3，实现程序设计如下：

```c
#include<reg52.h>
sbit LED1=P1^0;
int main()
{
  unsigned char i;// 定义无符号字符型变量 i，范围 0~255
  while(1)
  {
        for(i=1;i<10;i++)//for 循环执行 10 次
        {
              int a=5000;
              LED1=0;       //P1.0 口赋值 0，对外输出低电平
              while(a--);
              LED1=1;       //P1.0 口赋值 1，对外输出高电平
              a=5000;
              while(a--);
        }
        for(i=1;i<10;i++)
        {
              int a=50000;
              LED1=0;
              while(a--);
              LED1=1;
              a=50000;
              while(a--);
        }
  }
}
/***********************************************************
延时函数，带有参数 t，t 的取值范围 0~65535
```

```
*********************************************************/
void Delay(unsigned int t)
{
    while(--t);
}
```

注意：该部分需要用到的 C 语言知识，在本项目四、知识扩展中的函数部分学习。

引导问题 10
在单片机 C 语言设计中，如何编写函数，并实现函数的调用？

___

___

___

引导问题 11
函数调用的优点是什么？

___

___

___

引导问题 12
你觉得程序中的注释有没有必要，能够起到什么作用？

___

___

___

2. 制定计划

根据本项目所提出的任务要求，小组内互相讨论，制定工作计划表（表 1.11）（工作时间列中，"实际"列先不填写）。将本小组选择该工作计划的理由写到下面横线上，并选派代表向全班汇报展示。

___

___

___

学习笔记

表 1.11　工作计划表

序号	工作阶段/步骤	准备清单 元器件/工具/辅助材料	工作安全	工作人员	工作时间	
					计划	实际
1						
2						
3						
4						
5						
6						
工作环境保护						

日期：　　　　　　　　　　　教师：　　　　　　　　　　　学生：

3. 决策

在充分分析并吸取其他各小组汇报的工作计划及教师点评的基础上，小组内部进行讨论，对原工作计划修改完善，制定新的工作计划。

注意：使用一种不同颜色的书写笔在原工作计划表上进行修改。

4. 实施

实施步骤 1　学生任务分配

填写学生任务分配表，见表 1.12。

表 1.12　学生任务分配表

班级		组号		指导教师	
组长		组员			
组员及分工	姓名			任务	

实施步骤 2　工具及器件检测

请正确选择项目中使用的工具和器件，在使用过程中注意维护与保养。工具使用前要对工具状态进行检查，若有损坏及时进行更换。填写工具及器件检测表，见表 1.13。

表 1.13　工具及器件检测表

序号	名称	工具状态是否良好	损坏情况（没有损坏则不填写）
1	单片机开发板	是○否○	
2	计算机	是○否○	
3	杜邦线	是○否○	
4	USB 连接线	是○否○	
5	Keil C51	是○否○	
6	STC-ISP	是○否○	
7	LED 灯（开发板上）	是○否○	
8	USB 驱动	是○否○	

实施步骤 3　功能实现

完成硬件连接、程序编写、软硬件互联、通电、点亮等各项具体的功能要求，填写完成项目任务单（表 1.14），并填写工作计划表（表 1.11）中的实际时间栏。

表 1.14　项目任务单

序号	产品（任务）名称	完成情况	完成时间	责任人
1				
2				
3				
4				
5				
6				
7				

5. 检查

对照项目需求，明确检测要素，组内检测分工，仔细检查该项目的完成度，并填写表 1.15。若实施过程中出现故障，填写故障排查表（表 1.16）。

表 1.15　检测表

序号	检测要素	检测人员	完成度	备注
1				
2				
3				
4				

学习笔记

表 1.16 故障排查记录表

序号	故障现象	排查过程	解决方法
1			
2			
3			
4			

6. 评估

项目完成后，综合个人以及小组和班级其他同学在项目完成过程中的表现，对自己做出客观评价，明确学习的重点和后期的改进方向，请认真填写表 1.17。

表 1.17 综合评价

评价指标	评价内容	评价（百分制）
信息检索	能根据工作需要有效利用网络、图书资源、工作手册查找有用的相关信息	
仪态表达	表述仪态自然、吐字清晰；表达思路清晰、层次分明、准确	
团队精神	积极主动参与工作，与教师、同学之间相互尊重、理解、平等，保持多向、丰富、适宜的信息交流；能提出有意义的问题或能发表个人见解；能够倾听别人意见、协作共享	
学习方法	学习方法得体，有工作计划；探究式学习、自主学习不流于形式，处理好合作学习和独立思考的关系，做到有效学习	
工作过程	遵守管理规程，操作过程符合现场管理要求；善于多角度分析问题，能主动发现、提出有价值的问题；能够正确完成工作任务	
工匠精神	硬件连接稳定、可靠、美观；代码编写规范严谨，有必要的注释	

四、知识扩展

1. C 程序设计 2——流程控制

任务 1 中用到了一些 C 语言的关键知识，下面做详细的说明。

（1）运算符和表达式。

C 语言中基本的算术运算符如下：

+：正号运算符（单目运算符）；

-：负号运算符（单目运算符）；

*：乘法运算符；

/：除法运算符；

%：求余运算符；

运算符和表达式

+：加法运算符；

−：减法运算符。

运算符具有优先级，决定了其执行的先后顺序。

优先级由高到低为

（）（圆括号），+，−（正、负号），*，/，%，+，−（加号、减号）

运算符的结合性：同一优先级，如果算术运算符的结合方向为"从左至右"，称为"左结合性"，反之，为"右结合性"。

判断表达式计算顺序时，优先级高的先计算，优先级低的后计算，当优先级相同时再按结合性，或从左至右顺序计算，或从右至左顺序计算。

引导问题 13

写出下列表达式的答案。

8*9+2　　　　　　　　　　　　_____

3/4*6　　　　　　　　　　　　_____

6.0*3/4　　　　　　　　　　　_____

15%4　　　　　　　　　　　　_____

2.5+7%3*（int）（2.5+4.7）%2/4　_____

1）自增、自减运算符。

自增运算符"++"，功能是使变量的值自动增加 1；自减运算符"--"，功能是使变量值自动减去 1。

自增自减运算符可有以下几种形式：

前置形式（++、-- 放在变量名之前）：

++i：变量 i 的值先增 1，再以变化后的值参与其他运算。

--i：变量 i 的值先减 1，再以变化后的值参与其他运算。

后置形式（++、-- 放在变量名之后）：

i++：变量 i 先参与其他运算，然后再使变量 i 的值增 1。

i--：变量 i 先参与其他运算，然后再使变量 i 的值减 1。

引导问题 14

阅读下面程序，并在表 1.18 中填写变量在语句执行后的值。

```
#include<stdio.h>
int main( )
{
    int i=3,j,k;
    j=i++;
    k=++j;
```

学习笔记

```
        printf(" i=%d,j=%d,k=%d",i,j,k);
        return0;
}
```

表 1.18　引导问题 13 表

程序运行过程	i	j	k
第 1 条语句执行后			
第 2 条语句执行后			
第 3 条语句执行后			

引导问题 15

阅读下面程序，写出运行结果。

```
#include<stdio.h>
int main( )
{
    int i,j,m,n;
    i=8;
    j=9;
    m=++i;
    n=j++;
    printf("%d,%d,%d,%d",i,j,m,n);
    return 0;
}
```

2）复合赋值运算符。

C 语言中，有一些赋值的情况，例如：i=i+3;

使用复合赋值运算符，能够更简洁地完成这种任务：

$$i+=3;$$

+=：运算符将两个操作数相加，并将结果赋给左边的变量。

常见的复合赋值运算符包括：

+=　-=　*=　/=　%=　&=　^=　|=　<<=　>>=

注意：其优先级是倒数第二低，右结合性。

引导问题 16

设有 int a=10;

　　a-=a*=a+a;

求：a 的值是多少？

（2）关系运算符和表达式。

1）关系运算符。关系运算符是用来对两个数值进行比较的比较运算符。

C 语言提供 6 种关系运算符：

① <（小于）； ② <=（小于或等于）；
③ >（大于）； ④ >=（大于或等于）；
⑤ ==（等于）； ⑥ !=（不等于）。

关系运算符和表达式

2）关系表达式。关系表达式是用关系运算符将两个数值或数值表达式连接起来的式子。

关系表达式的值是一个逻辑值，即"真"或"假"，在 C 的逻辑运算中，以"1"代表"真"，以"0"代表"假"。

（3）逻辑运算符和表达式。

1）C 语言逻辑运算符和表达式。C 语言包括 3 种逻辑运算符：&&（逻辑与）、||（逻辑或）、!（逻辑非）。

&&（逻辑与）和 ||（逻辑或）是双目（元）运算符，!（逻辑非）是一目（元）运算符。

逻辑表达式：用逻辑运算符将关系表达式或其他逻辑量连接起来的式子。

逻辑运算的真值表见表 1.19。

表 1.19　逻辑运算的真值表

a	b	!a	!b	a && b	a || b
真	真	假	假	真	真
真	假	假	真	假	真
假	真	真	假	假	真
假	假	真	真	假	假

引导问题 17

1. 如何判断年龄在 13 岁至 17 岁之间？（年龄用 age 表示）

2. 如何判断年龄小于 12 岁或大于 65？（年龄用 age 表示）

逻辑表达式的值应该是逻辑量"真"或"假"，编译系统在表示逻辑运算结果时，以数值 1 代表"真"，以 0 代表"假"，但在判断一个量是否为"真"时，以 0 代表"假"，以非 0 代表"真"，将一个非零的数值认作为"真"。

学习笔记

引导问题 18

1. 若 a=4，则 !a 的值为多少？
2. 若 a=4，b=5，则 a && b 的值为多少？
3. a 和 b 值分别为 4 和 5，则 a||b 的值为多少？
4. a 和 b 值分别为 4 和 5，则 !a||b 的值为多少？
5. 4 && 0||2 的值为多少？

引导问题 19

```
#include<stdio.h>
int main( )
{
    int a,b,c;
    a=3;
    b=4;
    c=5;
    a++>b++&&c++>b++;
    printf("a 的值是 :%d,b 的值是 :%d,c 的值是 :%d\n",a,b,c);
    return 0;
}
```

2）单片机 C 语言的位运算。单片机 C 语言能对运算对象进行按位操作，从而使单片机 C 语言具有一定的对硬件直接进行操作的能力。

位运算符的作用是按位对变量进行运算，但是并不改变参与运算的变量的值。如果要求按位改变变量的值，则要利用相应的赋值运算。

注意：位运算符是不能用来对浮点型数据进行操作的。

单片机 C 语言中共有 6 种位运算符，从高到低依次是：

"~"（按位取反）→ "<<"（左移）→ ">>"（右移）→ "&"（按位与）→ "^"（按位异或）→ "|"（按位或）。

位逻辑运算符的真值表见表 1.20，X 表示变量 1，Y 表示变量 2。

表 1.20 位逻辑运算符的真值表

X	Y	~X	~Y	X&Y	X|Y	X^Y
0	0	1	1	0	0	0
0	1	1	0	0	1	1
1	0	0	1	0	1	1
1	1	0	0	1	1	0

小结：C 语言的运算符。

1）算术运算符（+、-、*、/、%、++、--）；

2）关系运算符（>、<、==、>=、<=、!=）；

3）逻辑运算符（!、&&、||）；

4）位运算符（<<、>>、~、|、∧、&）；

5）赋值运算符（=及其扩展赋值运算符）；

6）条件运算符（?:）；

7）逗号运算符（,）；

8）指针运算符（*和&）；

9）求字节数运算符（sizeof）；

10）强制类型转换运算符（（类型））；

11）成员运算符（.->）；

12）下标运算符（[ ]）；

13）其他（如函数调用运算符（ ））。

（4）分支结构。分支结构的作用是根据给定的条件，决定选择做 A 操作还是做 B 操作，如图 1.21 所示。

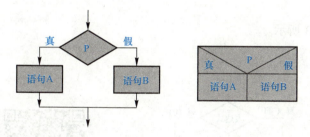

图 1.21 分支结构

if 语句

1）基本结构。

if（表达式）
　　语句；

功能：

计算表达式的值，如果表达式的值为真，执行后面的语句，否则不执行（跳过该语句），如图 1.22 所示。

说明：

表达式可以是逻辑表达式，也可以是关系表达式，还可以是其他表达式。

非 0 为真，0 为假。

引导问题 20

根据小明同学的成绩，写一程序判定她是否及格。

示例代码如下:
```
#include<stdio.h>
int main( )
{
   float score;
   printf("请输入你的成绩");
   scanf("%f",&score);
   if(score>=60)
        printf("恭喜你,及格了/n");
}
```

2)双分支结构。

语法:
```
if(表达式)
    语句 1
else
    语句 2
```
双分支结构流程图如图 1.23 所示。

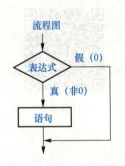

图 1.22　基本结构流程图

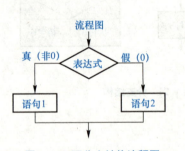

图 1.23　双分支结构流程图

if 语句实操

引导问题 21

根据小明同学的成绩,写一程序判定他是否及格,如果及格,输出"恭喜你",否则输出"不及格"。

```
#include<stdio.h>
int main( )
{
   float score;
   printf("请输入你的成绩");
```

```
    scanf("%f",&score);
    if(score>=60)
            printf("恭喜你,及格了/n");
    else
            printf("不及格/n");
    return 0;
}
```

3）多分支结构。

语法：

```
if(表达式1)        语句1
else if(表达式2)   语句2
else if(表达式3)   语句3
…
else if(表达式m)   语句m
else       语句n
```

引导问题22

根据小明同学的成绩，写一程序判定他属于哪个等级。

如：90 分以上为 A 等；

80～89 分为 B 等；

70～79 分为 C 等；

60～69 分为 D 等；

60 分以下为 E 等；

引导问题23

程序提示输入一个 0～9 的数字，键盘输入数值，程序进行比较，根据判断，给出结果。

```
#include<stdio.h>
int main( )
{
    int secret,answer;
    secret=6;
    printf("请输入 0~9 之间的一个数：\n");
    scanf("%d",&answer);
    if(secret>answer)
```

学习笔记

```
        printf("低了!");
    else if(secret<answer)
        printf("高了!");
    else
        printf("恭喜你，猜对了，答案就是:%d\n",answer);
```

该程序能够实现部分的猜测型游戏功能，但是距离一个较为完善的小游戏，还有很多需要改善的地方。仔细思考一下，如果你来完成这个程序，你认为哪些地方可以进行修改。

引导问题 24

程序存在哪些缺陷，应该怎样修改？

_____
_____
_____

4）switch 语句。C 语言中，解决多分支选择问题，除了可以利用 if 语句的嵌套外，还可以采用 switch 语句来实现。switch 语句称为开关语句，其一般格式为

```
switch(表达式)
{
    case 常量表达式1:  语句序列1;  [break]
    case 常量表达式2:  语句序列2;  [break]
    …;
    case 常量表达式n:  语句序列n;  [break]
    default:  语句序列n+1;
}
```

执行过程：先计算 switch 表达式的值，然后自上而下与 case 后的常量表达式的值进行比较，如果相等则执行其后的语句序列。假定入口是常量表达式 2，那么该语句执行语句序列 2，当语句序列 2 执行完毕后，若有 break 语句，则中断 switch 语句的执行，否则继续执行语句序列 3、语句序列 4，一直到语句序列 n。如果没有和表达式的值相匹配的常量表达式，则执行 default 后的语句。

switch 语句

引导问题 25

使用 switch 语句实现根据学生成绩输出 A、B、C、D、E。

```c
#include<stdio.h>
int main( )
{
    int a,s;
    printf("请输入你的成绩:");
    scanf("%d",&s);
    a=s/10;
    switch(a)
    {
        case 9:printf("A\n");
        case 8:printf("B\n");break;
        case 7:printf("C\n");break;
        case 6:printf("D\n");break;
        case 5:printf("E\n");break;
    }
}
```

引导问题 26

测试上述程序是否正确地完成了任务要求，为什么？

```c
#include<stdio.h>
int main( )
{
    int a=5,b=6,i=0,j=0;
    switch(a)
    {
        case 5:switch(b)
        {
            case 5:i++;break;
            case 6:j++;break;
            default:i++;j++;
        }
        case 6:i++;j++;break;
        default:i++;j++;
    }
}
```

学习笔记

1. 运行该程序，结果会是多少？
2. 若 a=5，b=4，结果会是多少？
3. 若 a=4，b=4，结果会是多少？
4. 设 a=5，b=6，若在第 1 个 case 5 要执行的语句后再加一个 break，结果会是什么？

（5）循环结构。大多数的应用程序都会包含循环结构。循环结构和顺序结构、选择结构是结构化程序设计的三种基本结构，它们是各种复杂程序的基本构造单元。

循环的本质：不断地重复某种动作。

其特点：在给定条件成立时，重复执行某程序段（一条或多条语句），直到条件不成立，循环才终止。

给定的条件称为循环条件，反复执行的程序段称为循环体。

C 语言提供了多种循环语句，有 while 语句、do-while 语句；和 for 语句可以组成各种不同形式的循环结构。

1）while 语句。

一般形式：

while（表达式）
　　语句

说明：

while 语句用来实现"当型"循环结构。"表达式"为循环条件；"语句"为循环体。当循环体中包含两条或两条以上语句时，一定要用大括号括起来。

特点：

先判断表达式，后执行语句。

例题： 用 while 语句计算从 1 加到 100 的值：

$$1+2+3+\cdots+100$$

解题思路：

这是累加问题，需要先后将 100 个数相加，要重复 100 次加法运算，可用循环实现。后一个数是前一个数加 1 而得，加完上一个数 i 后，使 i 加 1 可得到下一个数。

示例程序如下：

```c
#include<stdio.h>
int main()
{
    int i=1,sum;
    while(i<=100)
    {
    sum=sum+i;
```

```
    printf("sum=%d\n",sum);
    return 0;
}
```

分析：程序结果是什么？为什么？应该怎样修改？

2）do-while 语句。

do-while 语句的特点：先无条件地执行循环体，然后判断循环条件是否成立，如图 1.24 所示。

do-while 语句的一般形式为

```
do
    语句
while(表达式);
```

例题：用 do-while 语句计算从 1 加到 100 的值：

$$1+2+3+\cdots+100$$

解题思路：解题流程如图 1.25 所示。

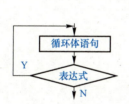

图 1.24 do-while 语句流程

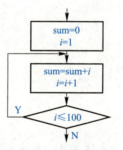

图 1.25 解题流程

示例程序如下：

```
i=1;sum=0;
do
{
    sum=sum+i;
    i++;
} while(i<=100);
```

引导问题 27

While 和 do-while 循环有什么不同之处？

3)用 for 语句实现循环。for 语句不仅可以用于循环次数已经确定的情况,还可以用于循环次数不确定而只给出循环结束条件的情况。

for 语句的执行过程如下:

①先求解表达式 1。

②求解表达式 2,若其值为真,执行循环体,然后执行下面第③步。若为假,则结束循环,转到第⑤步。

③求解表达式 3。

④转回上面步骤②继续执行。

⑤循环结束,执行 for 语句下面的一个语句。

引导问题 28

使用 for 语句实现 1+2+3+…+100。

示例代码如下:

```
for(i=1;i<=100;i++)
        sum=sum+i;
```

等价于

```
i=1;
while(i<=100)
{
   sum=sum+i;
   i++;
}
```

注意: for(表达式 1;表达式 2;表达式 3)语句;

一个或两个或三个表达式均可以省略。

练习:

自己尝试省略各个表达式,观察运行结果,并思考原因。

4)循环的嵌套。一个循环体内又包含另一个完整的循环结构,称为循环的嵌套,内嵌的循环中还可以嵌套循环,这就是多层循环,3 种循环(while 循环、do-while 循环和 for 循环)可以互相嵌套。

示例程序:

```
#include<stdio.h>
#define ROWS 9
int main()
{
```

循环的嵌套

```
        int i,j;
        for(i=1;i<=ROWS;i++)
        {
            for(j=1;j<=i;j++)
            {
                printf("%d  ",i*j);
            }
            printf("\n");
        }
    }
```

小结：

1）一般情况下，3 种循环可以互相代替；

2）while 和 do-while 循环中，循环体应包含使循环趋于结束的语句；

3）用 while 和 do-while 循环时，循环变量初始化的操作应在 while 和 do-while 语句之前完成。而 for 语句可以在表达式 1 中实现循环变量的初始化。

引导问题 29

在全系 1 000 名学生中，征集慈善募捐，当总数达到 10 万元时就结束。统计此时捐款的人数，以及平均每人捐款的数目。

编程思路：

1）循环次数不确定，但最多循环 1 000 次；

2）在循环体中累计捐款总数；

3）用 if 语句检查是否达到 10 万元；

4）如果达到就不再继续执行循环，终止累加；

5）计算人均捐款数；

6）使用变量 amount 存放捐款数，变量 total 存放累加后的总捐款数，变量 aver 存放人均捐款数，定义符号常量 SUM 代表 100 000。

捐款程序讲解

参考源码如下：

```
#include<stdio.h>
#define SUM 100000
int main( )
{
    float amount,aver,total=0;
    int i;
    for(i=1;i<=1000;i++)
```

```
        {
            printf("请输入捐款额:");
            scanf("%f",&amount);
            total+=amount;
            if(total>=SUM)
                    break;
        }
        aver=total/i;
        printf(" 总捐款额:%f,平均捐款额:%f\n",total,aver);
}
```

要求：

1）仔细阅读并理解程序代码；

2）输入软件开发环境，调试运行通过；

3）输入数据，进行测试；

4）进一步理解题目要求以及每一行代码的意义；

5）按照自己的理解，不看任何参考，将代码重新输入开发环境，调试运行；

6）思考并总结程序的撰写及注意事项，并写在下面横线上。

引导问题 30

要求输出 100～200 之间的不能被 3 整除的数。

编程思路：

对 100 到 200 之间的每一个整数进行检查，如果不能被 3 整除，输出，否则不输出。无论是否输出此数，都要接着检查下一个数（直到 200 为止，如图 1.26 所示）。

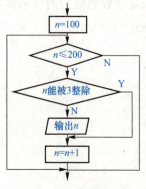

图 1.26　引导问题 30 流程

微课讲解

参考源码如下：

```c
#include<stdio.h>
int main( )
{
    int n;
    for(n=100;n<=200;n++)
    {
        if(n%3==0)
            continue;
        printf("%d  ",n);
    }
}
```

要求：

1）仔细阅读并理解程序代码；

2）输入软件开发环境，调试运行通过；

3）输入数据，进行测试；

4）进一步理解题目要求以及每一行代码的意义；

5）按照自己的理解，不看任何参考，将代码重新输入开发环境，调试运行；

6）思考并总结程序的撰写及注意事项，并写在下面横线上。

_____

小结： break 语句和 continue 语句的区别。

_____

挑 战

引导问题 31

要求： 程序提示输入一个 0～9 的数字，键盘输入数值，程序进行比较判断，根据判断，给出结果。

程序存在的问题：

（1）所猜测范围太小；

（2）生产的目标数字是写死在程序中的，无法随机变换；

（3）对用户猜测无法给出评价并激励；

（4）缺少允许用户持续玩游戏的机制。

学习笔记

任务实施：

（1）写出你针对上述问题的程序设计思路。

_____

_____

_____

_____

_____

（2）在右侧线框内画出程序设计的流程图，并将核心代码写到下面。

_____

_____

_____

_____

_____

_____

_____

2. C程序设计3——函数

如果程序的功能比较多，规模比较大，把所有代码都写在main函数中，就会使主函数变得庞杂、头绪不清，阅读和维护变得困难。

有时程序中要多次实现某一功能，就需要多次重复编写实现此功能的程序代码，这使程序冗长，不精炼。

解决的方法如下：

微课讲解

用模块化程序设计的思路，采用"组装"的办法简化程序设计的过程，事先编好一批实现各种不同功能的函数，把它们保存在函数库中，需要时直接用。

函数就是功能，每一个函数用来实现一个特定的功能。函数的名字应反映其代表的功能。

在设计一个较大的程序时，往往把它分为若干个程序模块，每一个模块包括一个或多个函数，每个函数实现一个特定的功能。

C程序可由一个主函数和若干个其他函数构成，主函数调用其他函数，其他函数也可以互相调用，同一个函数可以被一个或多个函数调用任意多次。

在程序设计中善于利用函数，可以减少重复编写程序段的工作量，同时可以方便地实现模块化的程序设计。

注意：C 程序的执行是从 main 函数开始的，如果在 main 函数中调用其他函数，在调用后流程返回到 main 函数，在 main 函数中结束整个程序的运行。

所有函数都是平行的，即在定义函数时是分别进行的，是互相独立的。一个函数并不从属于另一个函数，即函数不能嵌套定义。函数间可以互相调用，但不能调用 main 函数。main 函数是被操作系统调用的。

从用户使用的角度看，函数有两种：

库函数：它是由系统提供的，用户不必自己定义而直接使用它们。应该说明，不同的 C 语言编译系统提供的库函数的数量和功能会有一些不同，当然许多基本的函数是共同的。

用户自己定义的函数：它是用以解决用户专门需要的函数。

从函数的形式看，函数分两类：

无参函数：无参函数一般用来执行指定的一组操作。无参函数可以带回或不带回函数值，但一般以不带回函数值的居多。

有参函数：在调用函数时，主调函数在调用被调用函数时，通过参数向被调用函数传递数据，一般情况下，执行被调用函数时会得到一个函数值，供主调函数使用。

C 语言要求，在程序中用到的所有函数，必须"先定义，后使用"。指定函数名字、函数返回值类型、函数实现的功能以及参数的个数与类型，将这些信息通知编译系统。

①指定函数的名字，以便以后按名调用；

②指定函数类型，即函数返回值的类型；

③指定函数参数的名字和类型，以便在调用函数时向它们传递数据；

④指定函数的功能。这是最重要的，这是在函数体中解决的。

（1）函数定义。

定义无参函数的一般形式为

```
类型名  函数名()
{
    函数体
}
```

定义有参函数的一般形式为

```
类型名  函数名(形式参数表列)
{
    函数体
}
```

函数调用的一般形式为

函数名（实参表列）

如果是调用无参函数，则"实参表列"可以没有，但括号不能省略；如果实参表列包含多个实参，则各参数间用逗号隔开。

（2）形式参数和实际参数。在调用有参函数时，主调函数和被调用函数之间有数据传递关系。定义函数时函数名后面的变量名称为"形式参数"（简称"形参"），主调函数中调用一个函数时，函数名后面参数称为"实际参数"（简称"实参"）。

实际参数可以是常量、变量或表达式。

在调用函数过程中，系统会把实参的值传递给被调用函数的形参，或者说，形参从实参得到一个值，该值在函数调用期间有效，可以参加被调函数中的运算。

引导问题 32

输入两个整数，输出其中值较大者。要求用函数来找到大数。

解题思路：

1）函数名应是见名知意，定名为 max；

2）由于给定的两个数是整数，返回主调函数的值（即较大数）应该是整型；

3）max 函数应当有两个整型参数，以便从主函数接收两个整数。

微课讲解

先编写 max 函数：

```
int max(int x,int y)
{
    int z;
    z=x>y?x:y;
    return(z);
}
```

在 max 函数上面，再编写主函数：

```
#include<stdio.h>
int main()
{ int max(int x,int y);int a,b,c;
    printf("two integer numbers:");
    scanf("%d,%d",&a,&b);
    c=max(a,b);
    printf("max is %d\n",c);
}
```

在定义函数中指定的形参，在未出现函数调用时，它们并不占内存中的存储单元。在发生函数调用时，函数 max 的形参被临时分配内存单元。

调用结束，形参单元被释放，实参单元仍保留并维持原值，没有改变。如果在执行一个被调用函数时，形参的值发生改变，不会改变主调函数的实参的值（图 1.27）。

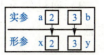

图 1.27　实参与形参关系

引导问题 33

输入两个实数，用一个函数求出它们之和。

解题思路：

用 add 函数实现。首先要定义 add 函数，它为 float 型，它应有两个参数，也应为 float 型。特别要注意：要对 add 函数进行声明。

分别编写 add 函数和 main 函数，它们组成一个源程序文件，main 函数的位置在 add 函数之前，在 main 函数中对 add 函数进行调用。

微课讲解

1）写出你针对上述问题的程序设计思路。

_____
_____
_____
_____
_____
_____
_____

2）在右侧线框内画出程序设计的流程图，并将核心代码写到下面。

_____
_____
_____
_____
_____
_____
_____
_____

五、项目小结

1. 通过学习上述程序,你认为在编写单片机 C 语言程序时有哪些事项需要特别注意?

_____
_____
_____

2. 根据项目一和项目二,你认为 C 语言在单片机开发中,处于什么样的地位?有什么样的作用?

_____
_____
_____

LED 开关状态监测

函数实现快速和慢速闪烁

项目三　使用数组实现 LED 灯的复杂闪烁效果

一、项目描述

基于 C 语言的基本语法能够实现各种复杂的 LED 灯控制功能，例如移位元素以及数组等，可以帮助 LED 灯实现各种漂亮的效果。

该项目要求实现 LED 的复杂闪烁效果（图 1.28），包括以下内容：

（1）使用数组存储 P1 口各引脚电平信号。

（2）通过 for 循环依次读取数组中的每一个值。

（3）实现：

1）LED 流水灯；

2）全亮；

3）偶数灯亮，奇数灯灭；

4）奇数灯亮，偶数灯灭。

微课讲解

图 1.28　LED 彩灯复杂闪烁效果

使用数组实现 LED 灯的复杂闪烁效果

二、项目分析

从项目一到项目三，需要完成的任务功能渐趋复杂，需要同学们掌握的单片机开发软硬件知识也越来越多，尤其是对于 C 语言的编程要求变得更高。C 语言是控制单片机完成复杂任务的核心。

在该任务中，就需要我们采用 C 语言更加强大的语法来完成 LED 灯的复杂闪烁效果，这些语法包括 C 语言的移位运算、数组等。

学习路线如图 1.29 所示。

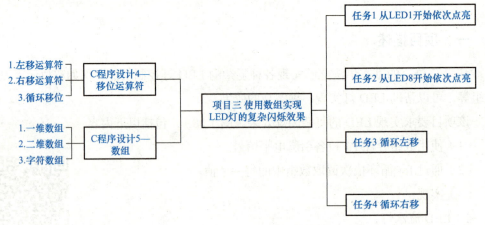

图 1.29 使用数组实现 LED 灯的复杂闪烁效果学习路线

三、项目实现

1. 知识准备（资讯、收集信息）

任务 1 从 LED1 开始依次点亮

要求：LED 灯从 LED1 开始依次点亮，即第一个灯亮一定的时间，然后第二个灯亮起（第一个灯不灭），然后第三个灯亮起（第一、二两个灯不灭），以此类推。

分析：

先对 P1 口赋值 0xfe，然后赋值 0xfc，以此类推，使用 C 语言中的移位操作实现最为合适。

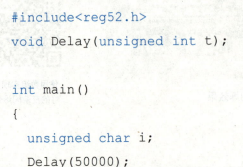

微课讲解

实现代码如下：

```c
#include<reg52.h>
void Delay(unsigned int t);

int main()
{
    unsigned char i;
    Delay(50000);
    P1=0xfe;// 第一个 LED 灯亮
    for(i=0;i<8;i++)
```

```
        {
            Delay(50000);
            P1<<=1;
        }
}
void Delay(unsigned int t)
{
    while(--t);
}
```

注意：该部分需要用到的 C 语言知识，在本项目四、知识扩展中的移位运算符部分学习。

引导问题 1

（1）仔细阅读并理解程序代码；
（2）输入软件开发环境，调试运行通过；
（3）输入数据，进行测试；
（4）进一步理解题目要求以及每一行代码的意义。

挑　战

任务 2　从 LED8 开始依次点亮

引导问题 2

（1）完成上述程序，将核心代码写在下边横线上。

_____

_____

（2）输入软件开发环境，调试运行通过。
（3）输入数据，进行测试。
（4）观察实验结果，是否满足任务要求？如果不满足，应该如何进行修改？

_____

_____

_____

任务3 循环左移

要求：从 LED1 开始，始终 1 个 LED 灯点亮，并循环执行流水动作。

分析：

（1）对单片机 P1 口赋初值：0xfe；
（2）使用 for 循环执行 8 次，每循环 1 次点亮 1 个不同的 LED 灯；
（3）为了更好地观察 LED 灯的亮灭，需要有延时程序；
（4）左移后，需要将最右端自动赋值为 0；
（5）依次点亮 LED 灯后，需要重复上述情境。

微课讲解

参考程序如下：

```c
#include<reg52.h>
void Delay(unsigned int t);

int main()
{
    unsigned char i;
    Delay(50000);
    P1=0xfe;// 第一个 LED 灯亮
    while(1)
    {
        for(i=0;i<8;i++)
        {
            Delay(50000);
            P1<<=1;
            P1=P1|0x01;// 左移后，最右端自动赋值 0，该语句将最右
                       端重新赋值 1
        }
        P1=0xfe;// 重新赋初值
    }
}
void Delay(unsigned int t)
{
    while(--t);
}
```

引导问题 3

（1）仔细阅读并理解程序代码；

（2）输入软件开发环境，调试运行通过；

（3）输入数据，进行测试；

（4）进一步理解题目要求以及每一行代码的意义。

微课讲解

挑 战

任务 4　循环右移

要　求： 从 LED8 开始，始终 1 个 LED 灯点亮，并循环执行流水动作。

引导问题 4

（1）完成上述程序，将核心代码写在下边横线上。

_____

_____

_____

（2）输入软件开发环境，调试运行通过。

（3）输入数据，进行测试。

（4）观察实验结果，是否满足任务要求？如果不满足，应该如何进行修改？

_____

_____

_____

_____

2. 制定计划

根据项目三使用数组实现 LED 灯的复杂闪烁效果所提出的任务要求，小组内互相讨论，制定工作计划表（表 1.21）（在工作时间列中，"实际"列先不填写）。将本小组选择该工作计划的理由写到下面横线上，并选派代表向全班汇报展示。

_____

_____

_____

_____

学习笔记

表 1.21 工作计划表

工作计划						
序号	工作阶段/步骤	准备清单元器件/工具/辅助材料	工作安全	工作人员	工作时间	
					计划	实际
1						
2						
3						
4						
5						
6						
工作环境保护						

日期：　　　　　　　　　　教师：　　　　　　　　　　学生：

3. 决策

在充分分析并吸取其他各小组汇报的工作计划及教师点评的基础上，小组内部进行讨论，对原工作计划修改完善，制定新的工作计划。

注意：使用一种不同颜色的书写笔在原工作计划表上进行修改。

4. 实施

实施步骤 1　学生任务分配

填写学生任务分配表，见表 1.22。

表 1.22 学生任务分配表

班级		组号		指导教师	
组长		组员			
组员及分工	姓名			任务	

实施步骤 2　工具及器件检测

请正确选择项目中使用的工具和器件，在使用过程中注意维护与保养。工具使用前要对工具状态进行检查，若有损坏及时进行更换。填写工具及器件检测表，见表 1.23。

表 1.23　工具及器件检测表

序号	名称	工具状态是否良好	损坏情况（没有损坏则不填写）
1	单片机开发板	是○ 否○	
2	计算机	是○ 否○	
3	杜邦线	是○ 否○	
4	USB 连接线	是○ 否○	
5	Keil C51	是○ 否○	
6	STC-ISP	是○ 否○	
7	LED 灯（开发板）	是○ 否○	
8	USB 驱动	是○ 否○	

实施步骤 3　功能实现

完成硬件连接、程序编写、软硬件互联、通电、点亮等各项具体的功能要求，填写完成项目任务单（表 1.24），并填写工作计划表（表 1.21）中的实际时间栏。

表 1.24　项目任务单

序号	产品（任务）名称	完成情况	完成时间	责任人
1				
2				
3				
4				
5				
6				
7				

5. 检查

对照项目需求，明确检测要素，组内检测分工，仔细检查该项目的完成度，并填写表 1.25。若实施过程中出现故障，填写故障排查表（表 1.26）。

学习笔记

表1.25 检测表

序号	检测要素	检测人员	完成度	备注
1				
2				
3				
4				

表1.26 故障排查记录表

序号	故障现象	排查过程	解决方法
1			
2			
3			
4			

6. 评估

项目完成后，综合个人以及小组和班级其他同学在项目完成过程中的表现，对自己做出客观评价，明确学习的重点和后期的改进方向，并认真填写表1.27。

表1.27 综合评价

评价指标	评价内容	评价（百分制）
信息检索	能根据工作需要有效利用网络、图书资源、工作手册查找有用的相关信息	
仪态表达	表述仪态自然、吐字清晰；表达思路清晰、层次分明、准确	
团队精神	积极主动参与工作，与教师、同学之间相互尊重、理解、平等，保持多向、丰富、适宜的信息交流；能提出有意义的问题或能发表个人见解；能够倾听别人意见、协作共享	
学习方法	学习方法得体，有工作计划；探究式学习、自主学习不流于形式，处理好合作学习和独立思考的关系，做到有效学习	
工作过程	遵守管理规程，操作过程符合现场管理要求；善于多角度分析问题，能主动发现、提出有价值的问题；能够正确完成工作任务	
工匠精神	硬件连接稳定、可靠、美观；代码编写规范严谨，有必要的注释	

64 ■ 单片机系统设计与开发案例教程

四、知识扩展

1. C程序设计4——移位运算符

移位运算符是将数据看成二进制数,对其进行向左或向右移动若干位的运算。移位运算符分为左移和右移两种,均为双目运算符。

(1)左移运算符。

格式:a<<b。

将a这个数的各二进制位左移b位,要求b必须是非负整数,移动过程中,右边空出的位用0填补,高位左移溢出则舍弃该高位。

例如:

P1=0xFE,二进制位:11111110。

P1<<1 后结果:11111100。

即右边空出来的位补0,左边的舍弃。

(2)右移运算符。

格式:a>>b。

将a这个数的各二进制位右移b位,要求b必须是非负整数,移到右端的低位被舍弃。其中,①对于无符号数,高位补0;②对于有符号数,如果采用算术移位,则空出部分用符号位填补,如果采用逻辑移位,则用0填补。

例如:采用算数移位。

a=–5,其二进制位:1111 1111 1111 1111 1111 1111 1111 1011。

a>>3 后的结果:1111 1111 1111 1111 1111 1111 1111 1111。

即 –5 为负数,它的符号位为1,因此左边填补三个符号位1,右边011依次被移出而舍弃。

注意: 只有有符号数右移才采用算术右移,否则都采用逻辑移位操作(逻辑左移或逻辑右移)。

(3)循环移位。

循环移位:在移位时没有数位的丢失。循环左移时,用从左边移出的位填充字的右端,循环右移时,用从右边移出的位填充字的左侧。

例如:a=01111011,循环左移2位,正确结果:11101101。

在 Keil C51 内部函数库 INTRINS.H 中,两个移位函数 _crol_ 与 _cror_ 分别表示循环左移和循环右移。

crol(m,n):将m循环左移n位,第一位跑到最后一位上。

cror(m,n):将m循环右移n位,最后一位跑到第一位上。

学习笔记

引导问题 5

写出以下运算的结果：

1. 若 a=0xDC，执行 a<<3 后，结果是多少？

_____

2. 若 a=0xDC，执行 a>>3 后，结果是多少？

_____

3. 若 a=0xDC，执行 _crol_（a，3）后，结果是多少？

_____

4. 若 a=0xDC，执行 _cror_（a，3）后，结果是多少？

_____

2. C 程序设计 5——数组

数组是一组有序数据的集合。

数组中各数据的排列是有一定规律的，下标代表数据在数组中的序号。用一个数组名和下标唯一确定数组中的元素。

数组中的每一个元素都属于同一个数据类型。

（1）一维数组。一维数组是数组中最简单的，它的元素只需要用数组名加一个下标，就能唯一确定要使用的数组。必须在程序中先定义数组，然后才能使用数组。

定义一维数组的一般形式为

类型名：数组名 [数组长度]

类型名：数组元素的类型。

数组名：数组（变量）的名称，标识符。

数组长度：常量表达式，给定数组的大小。

数组名的命名规则和变量名相同。

如 int a[10];

一维数组

数组的定义就是在内存中开辟了一段连续的空间。数组名就是这段空间的首地址。

空间的大小 = 数组长度 × 数组类型大小

数组名是数组首元素的地址，是一个常量，不能被赋值。

在定义数组并对其中各元素赋值后，就可以引用数组中的元素。

注意：只能引用数组元素而不能一次整体调用整个数组全部元素的值。

引导问题 6

对 10 个数组元素依次赋值为 0、1、2、3、4、5、6、7、8、9，要求按逆序输出。

解题思路：

定义一个长度为 10 的数组，数组定义为整型，要赋的值是从 0 到 9，可以用循环来赋值，用循环按下标从大到小输出这 10 个元素。

参考代码：

```
#include<stdio.h>
int main()
{
    int i,a[10];
    for(i=0;i<=9;i++)
          a[i]=i;
    for(i=9;__①__;____②____)//将数组 a 所有元素逆序输出
        printf("%d ",a[i]);
    printf("\n");
}
```

用数组处理求 Fibonacci 数列问题：

斐波那契数列（Fibonacci sequence），又称黄金分割数列，因数学家列昂纳多·斐波那契（Leonardoda Fibonacci）以兔子繁殖为例子而引入，故又称为"兔子数列"（图 1.30），指的是这样一个数列：1、1、2、3、5、8、13、21、34、……在数学上，斐波纳契数列以如下递推的方法定义：$F(1)=1$，$F(2)=1$，$F(3)=2$，$F(n)=F(n-1)+F(n-2)(n\geq 4, n\in N^*)$。在现代物理、准晶体结构、化学等领域，斐波纳契数列都有直接的应用。

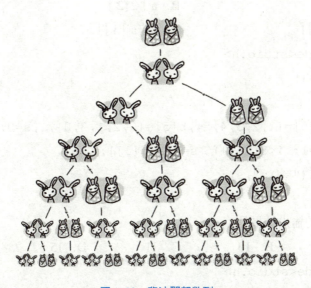

图 1.30　斐波那契数列

学习笔记

```
#include<stdio.h>
int main()
{
    int i;
    int f[20]={1,1};
    for(i=2;i<20;i++)
        f[i]=f[i-2]+f[i-1];
    for(i=0;i<20;i++)
    {
        if(i%5==0)
            printf("\n");// 每行显示 5 个数字
        printf("%12d",f[i]);// 将数列按格式输出
    }
}
```

初始化及练习题讲解

引导问题 7

1）若要定义一个具有 5 个元素的整型数组，以下定义语句中错误的是（　　）。

A. int a [5]={0};　　　　　B. int b [ ]={0, 0, 0, 0, 0};

C. int c [2+3];　　　　　　D. int i=5, d [i];

2）若有定义语句：int a [ ]={5, 4, 3, 2, 1}, i=4;，则下面对 a 数组元素的引用中错误的是（　　）。

A. a [-i]　　　　　　　　　B. a [2*2]

C. a [a [0]]　　　　　　　　D. a [a [i]]

3）
```
#include<stdio.h>
void main()
{
    int a[5]={1,2,3,4,5},b[5]={0,2,1,3,0},i,s=0;
    for(i=1; i<5; i++)  s=s+a[b[i]];
    printf("%d\n",s);
}
```

运行程序后的输出结果是（　　）。

A. 6　　　　　B. 10　　　　　C. 11　　　　　D. 15

4）
```
#include<stdio.h>
int main( )
```

```
{
    int    s[12]={1,2,3,4,4,3,2,1,1,1,2,3},c[5]={0},i;
    for(i=0;i<12;i++)c[s[i]]++;
    for(i=1;i<5;i++)printf("%d",c[i]);
    printf("\n");
    return0;
}
```

程序的运行结果是（　　）。

A．4332　　　　B．4321　　　　C．1234　　　　D．2334

（2）二维数组。

二维数组定义的一般形式为

　　　　类型符 数组名 [常量表达式][常量表达式]；

如：float a[3][4], b[5][10];

二维数组可被看作一种特殊的一维数组，它的元素又是一个一维数组。

二维数组

例如，把 a 看作一个一维数组，它有 3 个元素：a［0］、a［1］、a［2］；每个元素又是一个包含 4 个元素的一维数组，见表 1.28。

表 1.28　每个元素包含的数组

a［0］	a［0］［0］	a［0］［1］	a［0］［2］	a［0］［2］
a［1］	a［1］［1］	a［1］［1］	a［1］［2］	a［1］［3］
a［2］	a［2］［0］	a［2］［1］	a［2］［2］	a［2］［3］

注意：

二维数组名 a 表示数组首元素的地址，即 a==&a［0］［0］。

a［i］表示二维数组 i 行的首地址，即 a［i］==&a［i］［0］。

二维数组元素的表示形式为

　　　　数组名 [下标][下标]

二维数组的初始化：

int a［3］［4］={{1, 2, 3, 4}, {5, 6, 7, 8}, {9, 10, 11, 12}};

int a［3］［4］={1, 2, 3, 4, 5, 6, 7, 8, 9, 10, 11, 12};

int a［3］［4］={{1}, {5}, {9}}; 等价于 int a［3］［4］={{1, 0, 0, 0}, {5, 0, 0, 0}, {9, 0, 0, 0}};

int a［3］［4］={{1}, {5, 6}}; 相当于 int a［3］［4］={{1}, {5, 6}, {0}};

引导问题 8

阅读以下程序：

```
#include<stdio.h>
void main()
{
  int m[][3]={1,4,7,2,5,8,3,6,9};
  int i,j,k=2;
  for(i=0; i<3; i++)
  printf("%d ",m[k][i]);
}
```

运行程序后的输出结果是（　　）。

A. 456　　　　B. 258　　　　C. 369　　　　D. 789

（3）字符数组。用来存放字符数据的数组是字符数组。字符数组中的一个元素存放一个字符。定义字符数组的方法与定义数值型数组的方法类似。

如：

```
char c[10];
c[0]='I';c[1]=' ';c[2]='a';c[3]='m';c[4]=' ';
c[5]='h';c[6]='a';c[7]='p';c[8]='p';c[9]='y';
```

字符数组

上述定义字符数组的结构见表 1.29。

表 1.29　字符数组

I		a	m		h	a	p	p	y

引用字符数组中的元素：

```
#include<stdio.h>
void main()
{
  int m[][3]={1,4,7,2,5,8,3,6,9};
  int i,j,k=2;
  for(i=0;i<3;i++)
  printf("%d ",m[k][i]);
}
```

C语言是将字符串作为字符数组来处理的，关心的是字符串的有效长度而不是字符数组的长度，为了测定字符串的实际长度，C语言规定了字符串结束标志'\0'。

'\0'代表ASCII码为0的字符，从ASCII码表可以查到，ASCII码为0的字符不是一个可以显示的字符，而是一个"空操作符"，即它什么也不做。

用它作为字符串结束标志不会产生附加的操作或增加有效字符，只提供一个辨别的标志。

　char c[]={"I am happy"};

可写成：

　char c[]="I am happy";

相当于：

　char c[11]={"I am happy"};

字符数组2

自学：字符串处理函数。

在C函数库中提供了一些用来专门处理字符串的函数，使用方便。

puts函数——输出字符串的函数。

例如：puts（s）；　　　　//s是一个字符串

gets函数——输入字符串的函数。

例如：gets（s）；　　　　// 输入字符串赋值给s

strcat函数——字符串连接函数：strcat（字符数组1，字符数组2）。

strcpy和strncpy函数——字符串复制：strcpy(字符数组1，字符串2);strncpy(str1, str2，2）。

strcmp函数——字符串比较函数：

如果字符串1=字符串2，则函数值为0；

如果字符串1>字符串2，则函数值为一个正整数；

如果字符串1<字符串2，则函数值为一个负整数。

　strcmp(str1,str2);

　strcmp("China","Korea");

　strcmp(str1,"Beijing");

strlen函数——测字符串长度的函数。

　char str[10]="China";

　　printf("%d",strlen(str));

输出结果是5。

学习笔记

五、项目小结

1. 在本项目中，主要学习了哪些知识，完成了哪些任务？

2. 单片机控制系统的设计与开发是一个复杂的过程，写出典型的单片机工程开发流程。

3. 要想学好单片机课程，你认为应该怎么做？

学习笔记

学习情境二　单片机控制数码管的显示

一、情境描述

单片机控制外部显示设备实现丰富多彩的显示效果，是其最常见的应用领域。现在主流的显示设备有 LED 彩灯、数码管和液晶显示屏等，其中数码管因为功能丰富、质量稳定、价格低等特色，在现实生活中得到广泛的应用（图 2.1）。

其应用领域主要包括两大类：一是根据它能够显示时间、日期、温度等所有可用数字的特点，在电器特别是家电领域应用极为广泛，如显示屏、空调、热水器、冰箱等；二是应用在楼体亮化、广告牌背景、立交桥、河/湖护栏、建筑物轮廓等大型动感光带的夜景照明之中，可产生彩虹般绚丽的效果。

认真学习单片机控制数码管的各个案例，不仅可以加深对单片机控制系统开发的理解，还可以在以后的学习和工作中直接应用这些案例，帮助完成各项任务。

二、目标要求

知识目标

※ 掌握数码管的基本结构和工作原理；
※ 掌握 C 语言的基本语法；
※ 掌握数码管静态显示开发的工作过程；
※ 掌握数码管动态显示开发的工作过程。

技能目标

※ 能够阅读和绘制单片机数码管控制系统的基本电路图；
※ 能够针对数码管和单片机开发板实现硬件的连接；
※ 能够使用 Keil 开发工具进行软件的编程和调试；
※ 能够分析程序设计流程，对系统进行联调。

素养目标

※ 能够在团队合作中准确地表达自己，认真听取其他成员建议，进行顺畅的交流；
※ 能够针对任务要求，提出自己的改进方法，进行一定的创新设计；
※ 能够对硬件电路设计和编写的程序进行持续的改进，具备精益求精的工匠精神。

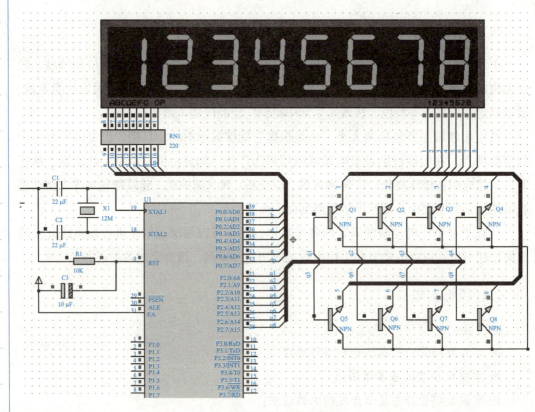

图 2.1 单片机控制数码管显示

项目一　使用数组控制数码管的静态显示

一、项目描述

设计一个 STC89C51 单片机系统，使用数组实现单个数码管循环显示数字 0～9，如图 2.2 所示。扫描二维码显示任务实现效果。

图 2.2　单个数码管循环显示数字效果

LED 彩灯亮灭显示效果演示

二、项目分析

实现单片机控制数码管的静态显示是单片机控制数码管显示的基础。

在单片机的程序设计中，如果涉及需要处理一组数据的情况，使用数组进行管理更加简单有效。另外，因为单片机的计算能力有限，可以将一些复杂的运算预先在表格中计算，存入程序，可以较好地提高程序的运行效率。

该任务需要掌握的知识技能如下：

（1）单片机和数码管的硬件工作原理；
（2）Keil C51 开发环境的应用；
（3）C 语言程序中数组的使用；
（4）单片机、数码管和 Keil C51 软件的互联；
（5）程序的编写、编译、下载。

学习笔记

学习路线如图 2.3 所示。

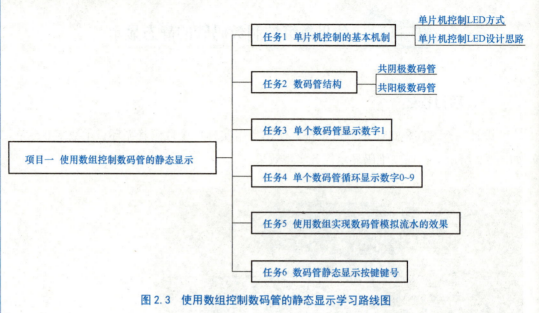

图 2.3 使用数组控制数码管的静态显示学习路线图

三、项目实现

1. 知识准备（资讯、收集信息）

任务 1 单片机控制的基本机制

引导问题 1

根据学习情境一所学知识，基于单片机的 P1 端口，实现 8 个 LED 灯中 1～4 号灯亮，5～8 号灯灭，应对 P1 端口赋值多少（十六进制表示）？

_____

引导问题 2

接上题，要实现 8 个 LED 灯中奇数灯亮，偶数号灯灭，应对 P1 端口赋值多少（十六进制表示）？

_____

引导问题 3

小组讨论，然后回答：使用单片机控制 LED 灯的基本设计思路。

_____

任务 2　数码管结构

数码管（图2.4）按段数可分为7段数码管（没有小数点）和8段数码管（有小数点）。以8段数码管为例，每段由发光二极管组成，分别对应数码管的a、b、c、d、e、f、g7段和小数点dp。

引导问题4

你在生活中都见过哪些数码管应用的场景？举例说明。

_____

_____

引导问题5

观察一下（图2.5），数码管和二极管是什么关系呢？

图2.4　数码管

图2.5　引导问题5图

_____

_____

引导问题6

数码管分为共阳极和共阴极两种。共阴极数码管阴极连在一起接地，共阳极数码管阳极连在一起，接+5 V。

观察图2.6所示的两种不同的数码管结构，判断_____是共阳极数码管，_____是共阴极数码管。

引导问题7

要想使数码管的某个段被点亮，共阴极和共阳极数码管应该分别做怎样的设置？

任务3　单个数码管显示数字1

要求：编写程序，使单个共阳极数码管显示数字1。

分析：无论是共阴极数码管还是共阳极数码管，点亮某一段的依据均为二极管的"单向导电性"。

如果是共阴极数码管，段选：某一段为高电平，则该段点亮（图2.7）。

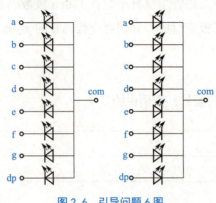

图2.6 引导问题6图

数码管的结构和原理

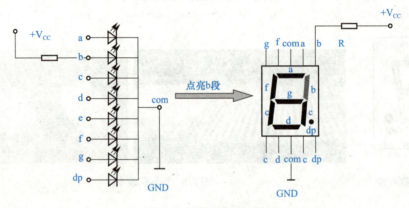

图2.7 段选共极数码管

如果是共阳极数码管，段选：点亮段接地（低电平"0"）（图2.8）。

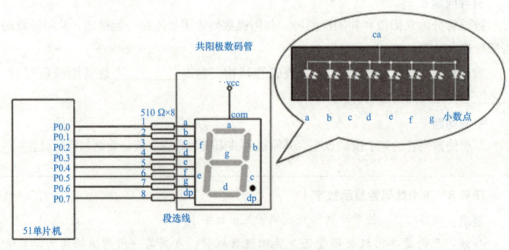

图2.8 段选共阳极数码管

引导问题 8

如果使用共阳极数码管显示数字 1 和 2，分别写出应该给 P1 端口的赋值（十六进制）。

_____

_____

数码管的基本应用

任务 4　单个数码管循环显示数字 0～9

要求：单个数码管动态显示数字 0～9，每间隔一秒数字变化一次，程序一直循环显示。

分析：

（1）使用 for 语句实现数字的循环处理；

（2）使用 while 语句实现主程序一直执行的功能；

（3）使用函数机制，先设计一个延时函数，通过调用该延时函数的方式实现延时功能；

（4）对 P1 口依次赋值 0～9 的十六进制编码，并结合延时程序实现所需的效果。

单个数码管循环显示数字 0～9

引导问题 9

（1）将显示字符对应的字段码填写到表 2.1 中。

表 2.1　显示字符对应的字段码

显示字符	字段码		显示字符	字段码	
	共阴极	共阳极		共阴极	共阳极
0			A		
1			B		
2			C		
3			d		
4			E		
5			F		
6			P		
7			—		
8			y		
9			熄灭		

引导问题 10

在画横线部分填写合适的代码，使该程序能完成任务 4 要求的功能。

学习笔记

```
#include<reg52.h>
void DelayS();
int main()
{
    while(_____)
    {
        P1=0xc0; DelayS()
        P1=0xf9; DelayS()
        _____; DelayS()
        P1=0xb0; DelayS()
        P1=0x99; DelayS()
        P1=0x92; DelayS()
        P1=0x82; DelayS()
        P1=0xf8; DelayS()
        _____; DelayS()
        P1=0x90; DelayS()
    }
}
void DelayS()
{
    int a=60000;
    while(a--);
}
```

引导问题 11

基于上一问题的结论，小组合作完成硬件连接、编写代码、调试程序、下载、运行、观察结果。将实现过程中的心得体会写到"学习笔记"位置。

引导问题 12

小组讨论该程序在实现上存在哪些缺点？

_____

_____

2. 制定计划

查阅学习情境一项目三中关于数组知识的内容，根据所提出的任务要求，小组内互相讨论，制定工作计划表（表 2.2）（工作时间列中，"实际"列先不填写）。将本小组选择该工作计划的理由写到下面横线上，并选派代表向全班汇报展示。

学习笔记

_____

_____

表 2.2　工作计划表

序号	工作阶段/步骤	准备清单 元器件/工具/辅助材料	工作安全	工作人员	工作时间	
					计划	实际
1						
2						
3						
4						
5						
6						
工作环境保护						

日期：　　　　　　　　　　　　教师：　　　　　　　　　　　　学生：

3. 决策

在充分分析并吸取其他各小组汇报的工作计划及教师点评的基础上，小组内部进行讨论，对原工作计划修改完善，制定新的工作计划。

注意：使用一种不同颜色的书写笔在原工作计划表上进行修改。

4. 实施

实施步骤 1　学生任务分配

学生任务分配表见表 2.3。

表 2.3　学生任务分配表

班级		组号		指导教师	
组长		组员			
组员及分工	姓名		任务		

学习笔记

实施步骤2　工具及器件检测

请正确选择项目中使用的工具和器件，在使用过程中注意维护与保养。工具使用前要对工具状态进行检查，若有损坏及时进行更换。填写工具及器件检测表，见表2.4。

表2.4　工具及器件检测表

序号	名称	工具状态是否良好	损坏情况（没有损坏则不填写）
1	单片机开发板	是○否○	
2	计算机	是○否○	
3	杜邦线	是○否○	
4	USB 连接线	是○否○	
5	Keil C51	是○否○	
6	STC-ISP	是○否○	
7	LED 灯（开发板上）	是○否○	
8	USB 驱动	是○否○	

实施步骤3　实现关键代码的编写

（1）将共阳极数码管用于显示 0～9 的十六进制编码存入数组（表2.5）。

表2.5　十六进制编码

显示的数字	0	1	2	3	4	5	6	7	8	9
十六进制编码										

（2）在画横线部分填写合适的代码，使程序能完成项目一要求的功能。

```
#include<reg52.h>
void Delay1S();
unsigned char code table[10]={_____};
int main()
{
    unsigned char i;
    while(1)
    {
        for(i=0;i<10;i++)
        {
            _____;
            Delay1S(60000);
        }
```

数组实现单个数码管循环显示数字 0～9

```
    }
}
void Delay1S(int a)
{
    While(_____);
}
```

实施步骤 4　点亮数码管

完成硬件连接、程序编写、软硬件互联、通电、点亮等各项具体的功能要求，填写完成项目任务单（表 2.6），并填写工作计划表（表 2.2）中的实际时间栏。

表 2.6　项目任务单

序号	产品（任务）名称	完成情况	完成时间	责任人
1				
2				
3				
4				
5				
6				
7				

5. 检查

对照项目需求，明确检测要素，组内检测分工，仔细检查该项目的完成度，并填写表 2.7。若实施过程中出现故障，填写故障排查表（表 2.8）。

表 2.7　检测表

序号	检测要素	检测人员	完成度	备注
1				
2				
3				
4				

学习笔记

表 2.8 故障排查记录表

序号	故障现象	排查过程	解决方法
1			
2			
3			
4			

6. 评估

项目完成后，综合个人以及小组和班级其他同学在项目完成过程中的表现，对自己做出客观评价，明确学习的重点和后期的改进方向，并认真填写表 2.9。

表 2.9 综合评价

评价指标	评价内容	评价（百分制）
信息检索	能根据工作需要有效利用网络、图书资源、工作手册查找有用的相关信息	
仪态表达	表述仪态自然、吐字清晰；表达思路清晰、层次分明、准确	
团队精神	积极主动参与工作，与教师、同学之间相互尊重、理解、平等，保持多向、丰富、适宜的信息交流；能提出有意义的问题或能发表个人见解；能够倾听别人意见、协作共享	
学习方法	学习方法得体，有工作计划；探究式学习、自主学习不流于形式，处理好合作学习和独立思考的关系，做到有效学习	
工作过程	遵守管理规程，操作过程符合现场管理要求；善于多角度分析问题，能主动发现、提出有价值的问题；能够正确完成工作任务	
工匠精神	硬件连接稳定、可靠、美观；代码编写规范严谨，有必要的注释	

四、进阶与挑战

任务 5　实现数码管模拟流水的效果

要求：实现 a、b、c、d、e、f 6 个线段依次轮流点亮显示（图 2.9），模拟流水的效果。

引导问题 13

小组讨论，将核心代码填到下边横线上，并合作完成硬件连接、编写代码、调试程序、下载、运行、观察结果。

图 2.9 挑战任务 5 图

任务 5 完成效果

任务 6 数码管静态显示按键键号

要求：逐个按下 8 个按键，显示对应的键值 1、2、3、4、5、6、7、8。没有按键时，数码管显示内容保持不变。

分析：使用 C 语言中的分支语句完成，可以考虑使用 if 语句或者 switch case 语句完成。

流程如图 2.10 所示。

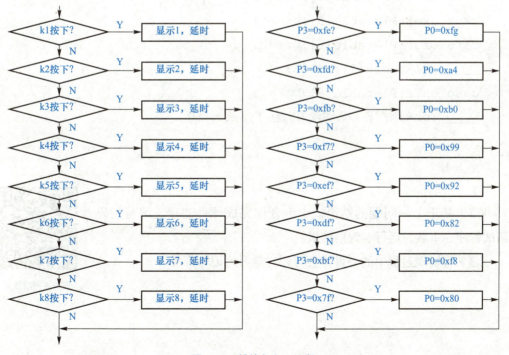

图 2.10 挑战任务 6 流程

学习笔记

需要使用到两个端口，一个端口（使用 P3）用于连接按键，一个端口（使用 P1）用于连接数码管。

引导问题 14

（1）在画横线部分填写合适的代码，使程序完成挑战任务 6 要求的功能。

```
#include<reg52.h>
unsigned char code table,10,={0xc0,0xf9,0xa4,0xb0,0x99,0x92,0x82,0xf8,0x80,0x90};
void main(void)
{
    while(1)
    {
        switch(_____)//P3 口作为独立按键输入端，检测端口电平并做如下判断
        {
            case oxfe:P1=table[1];break;
                    // 连接在 P3.0 的按键被按下，显示对应数字
            case oxfd:P1=table[2];break;
            _____:P1=table[3];break;
            case oxf7:P1=table[4];break;
            case oxef:P1=table[5];break;
            case oxdf:P1=table[6];break;
            _____:P1=table[7];break;
            case ox7f:P1=table[8];break;
            _____:break;// 如果都没有被按下，跳出循环
        }
    }
}
```

（2）基于上一问题的结论，小组合作完成硬件连接、编写代码、调试程序、下载、运行、观察结果。

（3）将实现过程中的心得体会写到"学习笔记"位置。

任务 6 完成效果

五、项目小结

1. 单片机 C 语言设计中，使用数组存储数据，实现控制功能，有什么优点？

_____
_____
_____
_____

2. 单片机控制系统的设计与开发是一个复杂的过程，写出典型的开发流程。

_____
_____
_____
_____

3. 在本项目中，主要学习了哪些知识，完成了哪些任务？

_____
_____
_____
_____

4. 哪些知识或者任务对你来说难度较大？

_____
_____
_____
_____

项目二 LED 电子时钟的制作

一、项目描述

基于 LED 数码管的电子时钟易用、美观、体积小、电压低、节能、环保，在日常生活中得到了广泛的应用（图 2.11）。

图 2.11 LED 电子时钟

本项目要求完成一个 LED 电子时钟，以小时、分钟、秒的格式显示当前时间（图 2.12）。设计程序并在单片机开发实验板上实现这个时钟功能。通过任务的学习，掌握时间数据产生的方法与流程图设计，掌握时间产生与显示函数的编辑与调试。

图 2.12 LED 电子时钟显示效果

LED 电子时钟显示效果演示

二、项目分析

要完成 LED 电子时钟的制作，需要具备一定的知识和技能。例如，LED 电子时钟应该具备计时功能，实现 0～59 的动态计数（秒 – 分钟 – 小时）；需要 8 个数码管以动态的方式同时显示时、分、秒等。

数码管的动态显示具有一定的难度，所以本项目采用 10 个任务层层递进的方式，逐步掌握 LED 数码管的显示控制，完成项目任务。学习路线如图 2.13 所示。

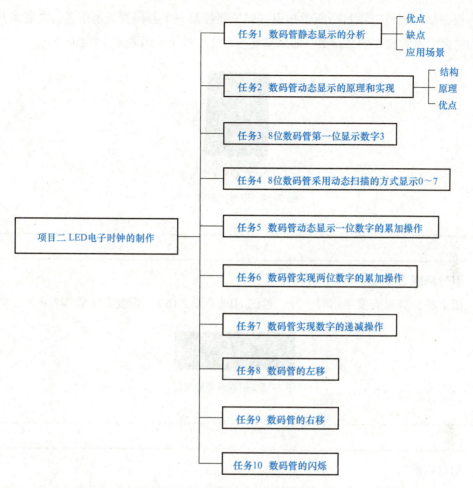

图 2.13 LED 电子时钟的制作学习路线

三、项目实现

1. 知识准备（资讯、收集信息）

任务 1　数码管静态显示的分析

LED 数码管的显示方法有静态显示和动态显示两种。所谓静态显示就是显示器的每一个字段都要独占一条具有锁存功能的 I/O 线，当 CPU 将要显示的字（经硬件译码）或字段码（经软件译码）送到输出口上，显示器就可以显示出所要显示的字符。如果 CPU 不去改写，它将一直保持下去。

引导问题 1

学习笔记

根据学习情境二项目一所学知识，如果要控制一个数码管显示信息，需要单片机芯片的多少条管脚（图2.14）？如果需要显示2个数字，需要多少管脚？

图2.14 引导问题题1图

引导问题2

接上题，如果需要显示时、分、秒的时间（图2.15），需要多少管脚？

图2.15 引导问题题2图

引导问题3

接上题，当单片机芯片的管脚不够用的时候，应该怎样解决？将你的方案写到下边。

引导问题4

数码管静态显示的优点有哪些？缺点有哪些？主要应用于显示位数较多还是较少的场景？

任务2 数码管动态显示的原理与实现

所谓动态显示，就是在显示时，单片机控制电路连续不断刷新输出显示数据，使各数码管轮流点亮。由于人眼的视觉暂留特性，使人眼观察到各数码管显示的是稳定数字。

数码管的动态显示对动态扫描的频率有一定的要求，频率太低，LED

任务2 完成效果

数码管将出现闪烁现象；频率太高，由于每个 LED 数码管点亮的时间太短，数码管的亮度太低，无法看清。所以显示时间一般取几个毫秒左右。

动态显示是将所有位 LED 显示器的段选线并联在一起，由位选线控制哪一位 LED 显示器有效，这样就没有必要为每一位 LED 显示器配一个锁存器，从而大大简化了硬件电路。

引导问题 5

数码管动态显示的优点有哪些？

_____

_____

数码管动态显示的实现机制如下：

所有数码管的 8 个笔画段 a～h 公共端连在一起，在这样的接法中，同一个瞬间所有的数码管显示都是相同的，不能显示不同的数字。那么在一个屏幕上如何显示 0、1、2、3、4、…这样不同的数字呢？

在单片机里，首先显示一个数，然后关掉。接着显示第二个数，又关掉，那么将看到连续的数字显示。轮流点亮扫描过程中，每位显示器的点亮时间是极为短暂的（约 2 ms），由于人的视觉暂留现象及发光二极管的余晖效应，尽管实际上各位显示器并非同时点亮，但只要扫描的速度足够快，给人的印象就是一组稳定的显示数据，不会有闪烁感。

所以动态显示需要有段码线和位选线，段码线用于选择显示的数码字段，位选线用于确定显示哪一位数码管（图 2.16）。

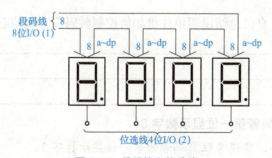

图 2.16 段码线和位选线

示例：

如果数码管需要显示 0～7 这 8 个数，在单片机中实际的工作流程（图 2.17）如下：

（1）打开 P2.0，送 0，然后关掉 P2.0；

（2）打开 P2.1，送 1，再关掉 P2.1；

（3）打开 P2.2，送 2，依次向下。

由于速度足够快，那么我们将连续看到 0 ～ 7 这 8 个数。

8 个数码管轮流显示相应的信息，一遍显示完毕，隔一段时间，又这样循环显示。从计算机角度，每个数码管隔一段时间才显示一次，但是由于人的视觉暂留效应，只要隔离时间足够短，循环的周期足够长，看起来数码管就一直稳定显示了。

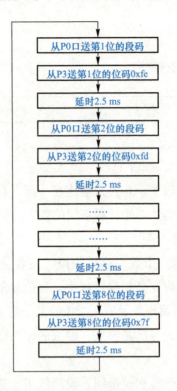

图 2.17　数码管显示工作流程

引导问题 6

根据上述分析，自己总结说明单片机如何控制数码管实现动态显示。

_____

_____

任务 3　8 位数码管第一位显示数字 3

要求：编写程序，实现 8 位数码管的第一位显示数字 3。

分析：首先选择位码，表示选通具体的某个数码管，锁存位数据。然后送段码，表示需要显示的数字，锁存段数据，如图 2.18 所示。

引导问题 7

（1）根据要求，在流程（图 2.18）中的括号内填写正确的数据。

（2）硬件连接。按照表 2.10 的硬件连接说明及注意事项，小组讨论并完成硬件的连接操作，将硬件连接心得写到侧边栏。

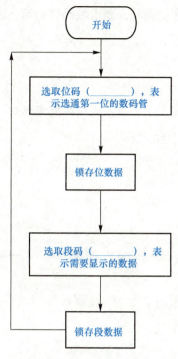

图 2.18 任务 3 流程

表 2.10 硬件连接说明及注意事项

单片机接口	模块接口	杜邦线数量	功能
P0	J3	8	共阳极数码管的数据端口
P2.2	J2（B）	1	段锁存
P2.3	J2（A）	1	位锁存

注意：使用前必须把 J50 插针用短路块（跳帽）插上。此跳帽用于数码管的整体供电，如果不需要使用共阴极数码管，可以拔掉此跳帽。

锁存器：锁存当前状态，使 CPU 送出的数据在接口电路的输出端保持一段时间。锁存后状态不再发生变化，直到解除锁定。

此处使用 74hc573 锁存器，锁存引脚高电平表示直通状态，低电平表示锁存状态。可以通过控制锁存引脚，控制 74hc573 后端输出数据。

（3）查阅资料，解释 74hc573 锁存器。

（4）阅读下面代码，讨论并理解后，小组合作进行硬件连接、编写代码、调试程序、下载、运行、观察结果。将你对代码中关键语句的理解写到侧边栏。

（5）小组讨论，完成程序的编写，要求数码管的第一位和第六位显示数字 3。将核心代码写到下边。

```c
#include<reg52.h>
#define DataPort P0
sbit Duan_LATCH=P2^2; //定义锁存使能端口  段锁存
sbit Wei_LATCH=P2^3; //                   位锁存
main()
{
    while(1)
    {
            DataPort=0xfe;  //取位码 第一位数码管选通，即二进制 11111110
        Wei_LATCH=1;    //位锁存
        Wei_LATCH=0;

        DataPort=0x4F; //取显示数据，段码"3"共阴字符码
        Duan_LATCH1=1; //段锁存
        Duan_LATCH1=0;
    }
}
```

_____

_____

任务 4　8 位数码管采用动态扫描的方式显示 0～7

要求：8 位数码管采用动态扫描的方式在 8 个 LED 屏幕上同时显示 0～7，如图 2.19 所示。

图 2.19　任务 4 图

分析：因为所有数码管的 8 个笔画段连在一起，不能显示不同的数字，当需要多位数码管显示多位数据的时候就需要动态扫描。

流程如下：

（1）先选取第一位数码管，锁存，然后读取显示数据（段码），锁存，设置延时；

（2）选取第二位数码管，锁存，然后读取显示数据（段码），锁存，设置延时；

（3）以此类推，循环 8 次，显示 8 位数字；

（4）然后持续保持并一直显示。

引导问题 8

（1）硬件连接。按照表 2.11 的硬件连接说明及注意事项，小组讨论并完成硬件的连接操作，将硬件连接心得写到侧边栏。

表 2.11　硬件连接说明及注意事项

单片机接口	模块接口	杜邦线数量	功能
P0	J3	8	共阳极数码管的数据端口
P2.2	J2（B）	1	段锁存
P2.3	J2（A）	1	位锁存

（2）阅读下面代码，讨论并理解后，小组合作进行硬件连接、编写代码、调试程序、下载、运行、观察结果。

```c
#include<reg52.h>
#define DataPort P0
sbit Duan_LATCH=P2^2; // 定义锁存使能端口  段锁存
sbit Wei_LATCH=P2^3;  //                  位锁存

// 显示段码值01234567
char code DuanMa[]={0x3f,0x06,0x5b,0x4f,0x66,0x6d,0x7d,0x07,0x7f,0x6f};
// 分别对应相应的数码管点亮，即位码
char code WeiMa[]={0xfe,0xfd,0xfb,0xf7,0xef,0xdf,0xbf,0x7f};
void Delay(unsigned int t);
main()
{
  unsigned char i=0;
  while(1)
    {
```

学习笔记

```
        DataPort=WeiMa[i];   //取位码
        Wei_LATCH=1;         //位锁存
        Wei_LATCH=0;

        DataPort=DuanMa[i];  //取显示数据，段码
        Duan_LATCH=1;        //段锁存
        Duan_LATCH=0;

        Delay(200); //扫描间隙延时，时间太长会闪烁，太短会造成重影
        i++;
        if(i==8)  //检测8位扫描完全结束，如扫描完成则从第一个开始再次扫描
           i=0;
    }
}
void Delay(unsigned int t)
{
   while(--t);
}
```

（3）小组讨论，将你对代码中关键语句的理解写到侧边栏。

引导问题9

将延时程序传入的参数分别修改为 20、2、2 000、20 000，进行调试，观察数码管的点亮效果，分别记录到表 2.12。

表 2.12　显示效果记录

延时时间 t/ms	显示效果描述
2	
20	
2 000	
20 000	

（1）小组讨论，分析总结原因。

挑 战

学习笔记

阅读代码，完成下列挑战任务。

要求：根据源程序代码，小组内讨论并分析该程序实现的功能是什么？

```c
#include<reg52.h>
#define DataPort P0
sbit Duan_LATCH=P2^2;  //定义锁存使能端口 段锁存
sbit Wei_LATCH=P2^3;   //                  位锁存

char code DuanMa[]={0x3f,0x06,0x5b,0x4f,0x66,0x6d,0x7d,0x07,0x7f,
0x6f,0x77,0x7c,0x39,0x5e,0x79,0x71};
char code WeiMa[]={0xfe,0xfd,0xfb,0xf7,0xef,0xdf,0xbf,0x7f};
void Delay(unsigned int t);
main()
{
  unsigned char i=0,num;
  Unsigned int j;
  while(1)
    {
      DataPort=WeiMa[i];  //取位码
      Wei_LATCH=1;        //位锁存
      Wei_LATCH=0;


      DataPort=DuanMa[num+i];  //取显示数据,段码
      Duan_LATCH=1;            //段锁存
      Duan_LATCH=0;


      Delay(200); //扫描间隙延时,时间太长会闪烁,太短会造成重影
      i++;
   j++;
      if(i==8) //检测8位扫描完全结束,如扫描完成则从第一个开始再次扫描
        i=0;
if(j==500)
{
```

```
        j=0;
        num++;
        if(num==9)
        Num=0;
        }
            }
        }
    void Delay(unsigned int t)
    {
        while(--t);
    }
```

（2）小组合作进行硬件连接、编写代码、调试程序、下载、运行、观察结果。

练 习

引导问题 10
根据上述知识，在实现数码管的动态显示时，为什么需要进行段码和位码的锁存？

引导问题 11
接上题，在实现段码和位码锁存的时候，使用的是哪个芯片？实现数据锁存时锁存引脚为高电平还是低电平？

引导问题 12
项目二设计程序时，采用 P2^2 连接段锁存，P2^3 连接位锁存，这两个管脚能否使用其他管脚替换？

引导问题 13

数码管显示数字是其基本功能，如果要求一个数码管以静态显示的方式实现从 0～9 间隔一秒依次变化，将设计实现的思路写到下边。

_____

_____

引导问题 14

如果要求一个数码管（图 2.20）以动态显示的方式实现从 0～9 间隔一秒依次变化，将设计实现的思路写到下边。

图 2.20　引导问题 14 图

_____

_____

任务 5　数码管动态显示一位数字的累加操作

要求：实现 8 位数码管中的第 3 位执行一位数字的累加操作，即先显示 0，间隔一定时间后，显示 1，然后显示 2，以此类推，直到显示到数字 9，循环显示，如图 2.21 所示。

图 2.21　任务 5 图

分析：基本实现流程如下：

（1）设置好段码和位码的数组；

（2）将第三位数码管锁定；

学习笔记

(3) 取段码的显示数据，锁存；

(4) 使用 for 循环实现段码数据 0～9 依次显示。

引导问题 15

(1) 硬件连接。按照表 2.13 的硬件连接说明及注意事项，小组讨论并完成硬件的连接操作，将硬件连接心得写到侧边栏。

表 2.13　硬件连接说明及注意事项

单片机接口	模块接口	杜邦线数量	功能
P0	J3	8	共阳极数码管的数据端口
P2.2	J2（B）	1	段锁存
P2.3	J2（A）	1	位锁存

(2) 在画横线部分填写合适的代码，使程序能完成任务 5 要求的功能。

```
#include<reg51.h>
#define DataPort P0
#define ucc unsigned char code
sbit Duan_LATCH=P2^2;    //定义锁存使能端口段锁存
sbit Wei_LATCH=P2^3;     //位锁存
ucc DuanMa[10]={_____};
//定义段码数组
ucc WeiMa[]={_____};
//定义位码数组

void Delay(unsigned int t);   //函数声明

main()
{
    unsigned int i;
    while(1)
    {
        for(i=0;i<9;i++)
        {
            DataPort=0;              //清空数据，防止有交替重影
            Duan_LATCH=1;            //段锁存
```

```
                Duan_LATCH=0;

                DataPort=WeiMa[ 3 ];        //取位码
                Wei_LATCH=1;                //位锁存
                Wei_LATCH=0;

                DataPort=DuanMa[ 4 ];       //取显示数据,段码
                Duan_LATCH=1;               //段锁存
                Duan_LATCH=0;

                Delay(100000);              //扫描间隙延时,时间太长
                                              会闪烁,太短会造成重影
            }
        }
    }
    void Delay(unsigned int t)
    {
        while(--t)
    }
```

（3）基于上一问题的结论，小组合作完成硬件连接、编写代码、调试程序、下载、运行、观察结果。

（4）将实现过程中的心得体会写到"学习笔记"位置。

引导问题 16

该任务还可以使用下面程序实现。阅读下列代码，完成下列挑战任务。

```
#include<reg51.h>
#define DataPort P0
#define ucc unsigned char code
sbit Duan_LATCH=P2^2;              //定义锁存使能端口段锁存
sbit Wei_LATCH=P2^3;               //位锁存
ucc DuanMa[10]={0x3f,0x06,0x5b,0x4f,0x66,0x6d,0x7d,0x07,0x7f,0x6f};
```

```c
ucc WeiMa[]={0xfe,0xfd,0xfb,0xf7,0xef,0xdf,0xbf,0x7f};
unsigned char DisplayData[8];          // 存储显示值

void Delay(unsigned int t);            // 函数声明
void Display(unsigned char First,unsigned char Num);

void main()
{
    unsigned char num;
    while(1)
    {
        for(num=0;num<10;num++)
        {
            Delay(500);
            DisplayData[0]=DuanMa[num%10];
                                // 将需要显示的信息赋值给数组
            Display(2,1);
        }
    }
}
/*----------------------------------------------------------
Display是显示函数,first表示需要显示的第一位
n表示需要显示的位数
----------------------------------------------------------*/
void Display(unsigned char first,unsigned char n)
{
    unsigned char i;
    for(i=0;i<n;i++)
    {
        DataPort=0;                    // 清空数据，防止有交替重影
        Duan_LATCH=1;                  // 段锁存
        Duan_LATCH=0;
```

```
            DataPort=WeiMa[i+first];        // 取位码
            Wei_LATCH=1;                    // 位锁存
            Wei_LATCH=0;

            DataPort=DisplayData[i];        // 取显示数据,段码
            Duan_LATCH=1;                   // 段锁存
            Duan_LATCH=0;

            Delay(200);                     // 扫描间隙延时,时间太长
                                            会闪烁,太短会造成重影
        }
    }
    void Delay(unsigned int t)
    {
        while(--t);
    }
```

（1）小组内讨论并分析该程序，将程序难点写到下面。

_____
_____
_____
_____

（2）该程序相比较第一个实现程序，难度更大，更复杂，但是它有什么优点吗？

_____
_____
_____
_____
_____

任务 6　数码管实现两位数字的累加操作

要求： 实现 8 位数码管中的第 3、4 位执行两位数字的累加操作，即先显示 00，间隔一定时间后，显示 01，以此类推，直到显示到数字 99，然后循环显示，如图 2.22 所示。

任务 6 完成效果

图 2.22 任务 6 图

分析: 基本实现流程如下:

(1)设置好段码和位码的数组;

(2)将第三位、第四位数码管锁定;

(3)取段码的显示数据,锁存;

(4)使用 for 循环实现段码数据 0~99 依次显示。

引导问题 17

(1)参照任务 5 的实现方式,将任务 6 实现的思路写到下边。重点考虑任务 5 中的第二种实现方式。

_____

_____

_____

(2)在画横线部分填写合适的代码,使该程序能完成任务 6 要求的功能。

```
#include<reg51.h>
#define DataPort P0
#define ucc unsigned char code
sbit Duan_LATCH=P2^2;            // 定义锁存使能端口段锁存
sbit Wei_LATCH=P2^3;             // 位锁存
ucc DuanMa[10]={0x3f,0x06,0x5b,0x4f,0x66,0x6d,0x7d,0x07,0x7f,0x6f};
ucc WeiMa[]={0xfe,0xfd,0xfb,0xf7,0xef,0xdf,0xbf,0x7f};
unsigned char DisplayData[8];    // 存储显示值

void Delay(unsigned int t);      // 函数声明
void Display(unsigned char First,unsigned char Num);

void main()
```

```c
{
    unsigned char num;
    while(1)
    {
        for(num=0;num<10;num++)
        {
            Delay(500);
            DisplayData[0]=DuanMa[____];//将需要显示的信息赋
                                          值给数组
            DisplayData[1]=DuanMa[____];
            _____;
        }
    }
}
/*--------------------------------------------------
Display是显示函数,first表示需要显示的第一位
n表示需要显示的位数
--------------------------------------------------*/
void Display(unsigned char first,unsigned char n)
{
    unsigned char i;
    for(i=0;i<n;i++)
    {
        DataPort=0;                    //清空数据,防止有交替重影
        Duan_LATCH=1;                  //段锁存
        Duan_LATCH=0;

        DataPort=WeiMa[i+first];       //取位码
        Wei_LATCH=1;                   //位锁存
        Wei_LATCH=0;

        DataPort=DisplayData[i];       //取显示数据,段码
        Duan_LATCH=1;                  //段锁存
        Duan_LATCH=0;
```

```
            Delay(200);              //扫描间隙延时,时间太长
                                       会闪烁,太短会造成重影
        }
    }
    void Delay(unsigned int t)
    {
        while(--t);
    }
```

(3)基于上一问题的结论,小组合作完成硬件连接、编写代码、调试程序、下载、运行、观察结果。

(4)该程序在实现过程中,存在逻辑上的问题,仔细观察运行结果,分析可能导致问题的原因,并将自己的改进措施写到下边。

_____

引导问题 18

如果要求实现 8 位数码管第 6、7、8 位显示三位数字的累加操作,需要怎样修改程序?

(1)小组内讨论并分析该程序,将程序修改部分写到下面。

_____

(2)基于上一问题的结论,小组合作完成硬件连接、编写代码、调试程序、下载、运行、观察结果。

任务 7 数码管实现数字的递减操作

要求:参考任务 5 和任务 6,实现 1 位数字、2 位数字、3 位数字的递减操作,小组内讨论并完成程序。将关键代码修改部分写到下面。

引导问题 19

(1)小组内讨论并分析该程序,将程序修改部分写到下面。

_____

(2)基于上一问题的结论,小组合作完成硬件连接、编写代码、调试程序、下载、运行、观察结果。

2. 制定计划

根据本项目所提出的任务要求，小组内互相讨论，制定工作计划表（表2.14）（工作时间列中，"实际"列先不填写）。将本小组选择该工作计划的理由写到下面横线上，并选派代表向全班汇报展示。

_____

_____

学习笔记

表2.14　工作计划表

序号	工作阶段/步骤	准备清单 元器件/工具/辅助材料	工作安全	工作人员	工作时间	
					计划	实际
1						
2						
3						
4						
5						
6						
工作环境保护						

日期：　　　　　　　　　教师：　　　　　　　　　学生：

将小组讨论后的设计实现思路写到下边。

_____

_____

3. 决策

在充分分析并吸取其他各小组汇报的工作计划及教师点评的基础上，小组内部进行讨论，对原工作计划修改完善，制定新的工作计划。

注意： 使用一种不同颜色的书写笔在原工作计划表上进行修改。

4. 实施

实施步骤1　学生任务分配

填写学生任务分配表，见表2.15。

学习笔记

表 2.15　学生任务分配表

班级		组号		指导教师	
组长		组员			
组员及分工	姓名		任务		

实施步骤 2　工具及器件检测

请正确选择项目中使用的工具和器件，在使用过程中注意维护与保养。工具使用前要对工具状态进行检查，若有损坏及时进行更换。填写工具及器件检测表，见表 2.16。

表 2.16　工具及器件检测表

序号	名称	工具状态是否良好	损坏情况（没有损坏则不填写）
1	单片机开发板	是○否○	
2	计算机	是○否○	
3	杜邦线	是○否○	
4	USB 连接线	是○否○	
5	Keil C51	是○否○	
6	STC-ISP	是○否○	
7	LED 灯（开发板上）	是○否○	
8	USB 驱动	是○否○	

实施步骤 3　实现硬件连接

完成硬件连接、程序编写、软硬件互联、通电、点亮等各项具体的功能要求，填写完成项目任务单（表 2.17），并填写工作计划表（表 2.14）中的实际时间栏。

表 2.17　项目任务单

序号	产品（任务）名称	完成情况	完成时间	责任人
1				
2				

续表

序号	产品（任务）名称	完成情况	完成时间	责任人
3				
4				
5				
6				
7				

实施步骤 4　程序编写

在右侧线框内画出程序设计的流程图，并将核心代码写到下面。

5. 检查

对照项目需求，明确检测要素，组内检测分工，仔细检查该项目的完成度，并填写表 2.18。若实施过程中出现故障，填写故障排查表（表 2.19）。

表 2.18　检测表

序号	检测要素	检测人员	完成度	备注
1				
2				
3				
4				

学习笔记

表 2.19 故障排查记录表

序号	故障现象	排查过程	解决方法
1			
2			
3			
4			

6. 评估

项目完成后，综合个人以及小组和班级其他同学在项目完成过程中的表现，对自己做出客观评价，明确学习的重点和后期的改进方向，并认真填写表 2.20。

表 2.20 综合评价

评价指标	评价内容	评价（百分制）
信息检索	能根据工作需要有效利用网络、图书资源、工作手册查找有用的相关信息	
仪态表达	表述仪态自然、吐字清晰；表达思路清晰、层次分明、准确	
团队精神	积极主动参与工作，与教师、同学之间相互尊重、理解、平等，保持多向、丰富、适宜的信息交流；能提出有意义的问题或能发表个人见解；能够倾听别人意见、协作共享	
学习方法	学习方法得体，有工作计划；探究式学习、自主学习不流于形式，处理好合作学习和独立思考的关系，做到有效学习	
工作过程	遵守管理规程，操作过程符合现场管理要求；善于多角度分析问题，能主动发现、提出有价值的问题；能够正确完成工作任务	
工匠精神	硬件连接稳定、可靠、美观；代码编写规范严谨，有必要的注释	

四、知识扩展

对数码管进行移位处理也是数码管显示的一种常见形式。以数码管移位变换为基础，可以实现很多具有使用价值的应用。

任务 8 数码管的左移

要求：数字 0～7 分别在最右端出现，然后向左移动到最左端依次停下来，最终形成 0、1、2、3、4、5、6、7 的排列，并一直循环。

实现效果

分析：分别创建段码和位码数组，采用数码管动态显示的方式，先选中最右端位码，并送数字 0 的段码，保持一段时间，送数字 0 到右 2 数码管，右 1 数码管送数字 1，以此类推，直到实现要求的效果。

（1）硬件连接。硬件连接说明及注意事项见表 2.21。

表 2.21 硬件连接说明及注意事项

单片机接口	模块接口	杜邦线数量	功能
P0	J3	8	共阳极数码管的数据端口
P2.2	J2（B）	1	段锁存
P2.3	J2（A）	1	位锁存

（2）程序设计。编写代码如下：

```
#include<reg52.h>
#define DataPort P0  //定义数据端口 程序中遇到 DataPort 则用 P0 替换
sbit Duan_LATCH=P2^2;//定义锁存使能端口 段锁存
sbit Wei_LATCH=P2^3;//                  位锁存

unsigned char code DuanMa[10]={0x3f,0x06,0x5b,0x4f,0x66,0x6d,0x7d,0x07,0x7f,0x6f};// 显示段码值 0~9
unsigned char code WeiMa[]={0xfe,0xfd,0xfb,0xf7,0xef,0xdf,0xbf,0x7f};// 分别对应相应的数码管点亮，即位码
unsigned char DisplayData[10];
void Delay(unsigned int t);// 函数声明
void Display(unsigned char FirstBit,unsigned char Num);
main()
{
    unsigned int i,k,j;
    unsigned char s;
    while(1)
    {
        j++;
        if(j==20)
```

```c
            {
                    j=0;
                    if(k==0)
                    {
                            for(s=0;s<10;s++)  // 完全循环完成后清零所有缓冲区
                                    DisplayData[s]=0;
                    }
                    DisplayData[8-i]=DuanMa[k];  // 把需要显示的字符依次送缓冲区
                    DisplayData[8+1-i]=0;   // 不需要显示的区域清零
                    if(i==(8-k))
                    {
                            i=0;
                            k++;
                            if(k==8)
                                    k=0;
                    }
                    i++;
            }
            Display(0,8);// 从第一位显示,共显示8位
    }
}

void Delay(unsigned int t)
{
  while(--t);
}

void Display(unsigned char FirstBit,unsigned char Num)
{
  unsigned char i;
  for(i=0;i<Num;i++)
  {
```

```
        DataPort=0;          // 清空数据，防止有交替重影
        Duan_LATCH=1;        // 段锁存
        Duan_LATCH=0;
        DataPort=WeiMa[i+FirstBit]; // 取位码
        Wei_LATCH=1;         // 位锁存
        Wei_LATCH=0;

        DataPort=DisplayData[i]; // 取显示数据，段码
        Duan_LATCH=1;        // 段锁存
        Duan_LATCH=0;

        Delay(200);  // 扫描间隙延时，时间太长会闪烁，太短会造成重影
    }
}
```

引导问题 20

该程序难度较大，小组内讨论并分析该程序，将小组对程序中重点语句的理解写到侧边栏。

任务 9 数码管的右移

要求：数字 0~7 分别在最左端出现，然后向右移动到最右端依次停下来，从右往左形成 0、1、2、3、4、5、6、7 的排列，并一直循环。

引导问题 21

参考任务 8 数码管的左移，将小组讨论后的设计实现思路及关键代码写到下边。

_____
_____
_____
_____

任务 10 数码管的闪烁

要求：数字 0~7 同时在数码管上进行闪烁。

引导问题 22

参考以下代码，小组合作完成硬件连接、编写代码、调试程序、下载、运行、观察结果。

```c
#include<reg52.h>
#define DataPort P0  //定义数据端口 程序中遇到DataPort 则用P0 替换
sbit Duan_LATCH=P2^2;//定义锁存使能端口 段锁存
sbit Wei_LATCH=P2^3;//                  位锁存

unsigned char code
DuanMa[10]={0x3f,0x06,0x5b,0x4f,0x66,0x6d,0x7d,0x07,0x7f,0x6f};// 显示段码值0~9
unsigned char code
WeiMa[]={0xfe,0xfd,0xfb,0xf7,0xef,0xdf,0xbf,0x7f};// 分别对应相应的数码管点亮，即位码

void Delay(unsigned int t);
// 主函数main
int main()
{
    unsigned char i=0,j;
    unsigned char Flag;
    while(1)
    {
        DataPort=WeiMa[i];
        Wei_LATCH=1;
        Wei_LATCH=0;
        if(Flag)// 判断是否闪烁
            DataPort=DuanMa[i];// 取显示数据，段码正常显示
        else
            DataPort=0;// 不显示
        Duan_LATCH=1;
        Duan_LATCH=0;

        Delay(200);
        i++;
        if(i==8)
```

```
                i=0;
        j++;
        if(j==200)// 延时闪烁时间
        {
                j=0;
                Flag=!Flag;
        }
    }
}
void Delay(unsigned int t)
{
    while(--t);
}
```

五、项目小结

1. 单片机控制数码管显示中，为什么要采用动态显示的方式实现？

_____

_____

2. 要实现数码管的动态显示，需要处理的关键技术有哪些？

_____

_____

3. 单片机控制数码管显示数字变化的基本方法是什么？

_____

_____

学习情境三 交通灯控制系统的制作

中断系统是单片机中非常重要的组成部分，它是为了使单片机能够对外部或内部随机发生的事件实时处理而设置的。中断功能的存在，在很大程度上提高了单片机实时处理能力，它也是单片机最重要的功能之一，可以极大地提高单片机的运行效率，使系统工作更灵活、更智能化，是学习单片机必须掌握的重要内容。生活中的交通灯控制系统中就利用了中断控制系统，同时，各种彩灯系统也用了中断来控制。

一、情境描述

十字路口车辆穿梭，行人熙攘，车行车道，人行人道，有条不紊。那么靠什么来实现这井然秩序呢？靠的就是交通信号灯的自动指挥系统。信号灯的出现，使交通得以有效管制，对于疏导交通流量、提高道路通行能力、减少交通事故有明显效果（图3.1）。

此时，若遇到特殊情况，执勤交警接到命令，有特殊车辆要求紧急通过，交警按下紧急按钮，使两个方向路口的交通灯都变成红色，把路口让出来。特殊车辆过去后，交通灯控制系统又恢复正常工作。交通高峰时，交警发现 A 向是绿灯，可是没有车辆再通过了，而 B 向是红灯，车辆很多排起长龙，这时交警可变换按钮，使 A 方向变成红灯，B 方向变成绿灯放行，以缓解 B 方向交通压力。

本情境由三个项目组成，项目一是可中断控制的流水灯系统的制作，主要掌握中断设置等基本操作，为下面的复杂交通灯系统的中断控制打下基础；项目二是简易秒表的制作，主要是定时器/计数器的C51 编程，为下面的复杂交通灯系统的定时显示打下基础；项目三是交通灯控制系统的制作，全方面利用了中断控制和定时器/计数器，并进行硬件电路的设计和程序的设计。程序包括主程序和中断服务程序两部分，通过学习可系统地掌握中断的应用技能。

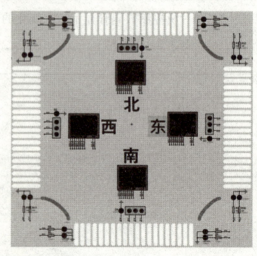

图 3.1 十字路口信号灯

二、目标要求

知识目标

※ 掌握 AT89C51 单片机中断的基本概念和功能;
※ 理解中断系统的结构和控制方式;
※ 熟悉中断控制寄存器的功能;
※ 掌握中断系统的中断处理过程、外部中断的编程应用;
※ 掌握单片机 AT89C51 内部定时器/计数器的结构与功能;
※ 理解定时器/计数器的两种工作模式和 4 种工作方式;
※ 掌握两个特殊功能寄存器 TMOD 和 TCON 各位的定义及其编程。

技能目标

※ 学会中断控制字的设置方法及中断服务程序的使用方法;
※ 能够根据使用要求设置中断及编写中断程序;
※ 能够利用计数器完成对外部脉冲计数的编程;
※ 能够利用定时器完成定时的编程;
※ 能设计交通灯控制系统的硬件电路并连接;
※ 能进行程序仿真及调试。

素养目标

※ 能够在团队合作中准确地表达自己,认真听取其他成员建议,进行顺畅的交流;
※ 能够针对任务要求,提出自己的改进方法,进行一定的创新设计;
※ 能够对硬件电路设计和编写的程序进行持续的改进,具备精益求精的工匠精神。

项目一　可中断控制的流水灯系统的制作

一、项目描述

在 51 单片机的 P1 口上接有 8 只 LED 灯。初始状态 8 只 LED 灯亮，按下按键，高 4 位和低 4 位 LED 交替闪烁（图 3.2）。

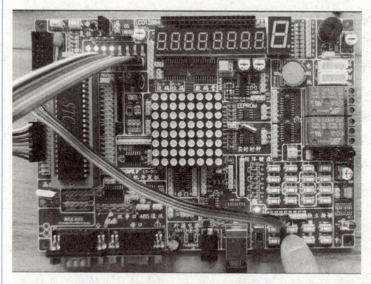

图 3.2　可中断控制的流水灯显示效果图

可中断控制的流水灯显示效果演示

二、项目分析

在外部中断 0 输入引脚 P3.2（INT0*）接有一只按钮开关 K1。程序要求将外部中断 0 设置为负跳沿触发。在程序启动时，P1 口上的 8 只 LED 灯亮。按一次按钮开关 K1，使引脚接地，产生一个负跳沿触发的外中断 0 中断请求，在中断服务程序中，让低 4 位的 LED 和高 4 位的 LED 灯交替闪烁。

学习路线如图 3.3 所示。

该任务需要掌握的知识技能如下：

（1）单片机 AT89C51 中断系统的结构及组成；

（2）中断允许控制寄存器 IE、中断优先级控制寄存器 IP 的作用；

（3）各中断源的中断请求标志位的意义及清零；

（4）中断的响应过程；

（5）外部中断应用的编程步骤及技巧。

学习笔记

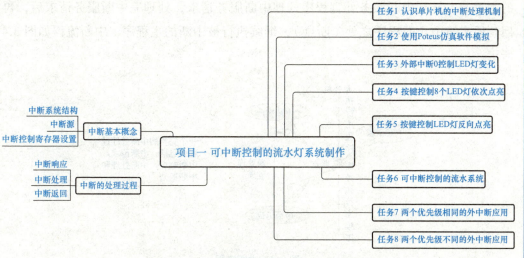

图 3.3 可中断控制的流水系统学习路线

本项目主要完成中断初始化设置的相关内容，了解中断入口地址及中断执行的过程，为后续的任务打下坚实的基础。

三、项目实施

1. 知识准备（资讯、收集信息）

任务 1　认识单片机的中断处理机制

（1）中断的基本概念。

"中断"，是指计算机在执行某一段程序的过程中，由于计算机系统内、外的某种原因，有必要中止原程序的执行，而去执行相应的处理程序，待处理结束后，再返回来继续执行原程序的过程。

中断技术主要用于实时监测与控制，要求单片机能及时地响应中断请求源提出的服务请求，并快速响应与及时处理。

引导问题 1

根据中断的概念，你在生活中都见过哪些中断应用的场景？举例说明。

_____
_____
_____

（2）中断响应机制。

一个完整的中断处理过程应包括中断请求、中断响应、中断处理和中断返回。当中断请求源发出中断请求时，如中断请求被允许，单片机暂时中止当前正在执行的主程序，转到中断服务处理程序处理中断服务请求，处理完中断服务请求后，再回到原来被中止的程序之处（断点），继续执行被中断的主程序。中断流程如图 3.4 所示。

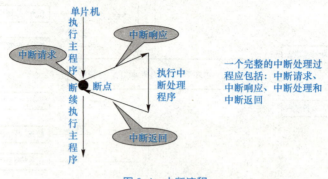

图 3.4　中断流程

引导问题 2

请根据图 3.4 中断流程，绘制以下场景的流程。小明在看书，电话铃声响起，插入书签，接电话，挂掉电话，返回书签页，继续看书。

_____

_____

_____

引导问题 3

如果出现更紧急的事件，如电热水壶烧开，事件的先后顺序如何？

_____

_____

_____

（3）中断优先级处理原则。

同时发生多个中断申请时，遵循以下原则：

不同优先级的中断同时申请（很难遇到）：先高后低；

相同优先级的中断同时申请（很难遇到）：按序执行；

正处理低优先级中断又接到高级别中断：高打断低；

正处理高优先级中断又接到低级别中断：高不理低；

中断嵌套流程如图 3.5 所示。

（4）AT89C51 中断系统结构。

AT89C51 的中断系统有 5 个中断请求源，2 个中断优先级，可实现 2 级中断服务程序嵌套。每一中断源可用软件独立控制为允许中断或关闭中断状态；每一个中断源的优先级均可用软件设置。AT89C51 单片机中断系统结构如图 3.6 所示。

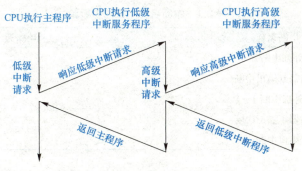

图 3.5 中断嵌套流程

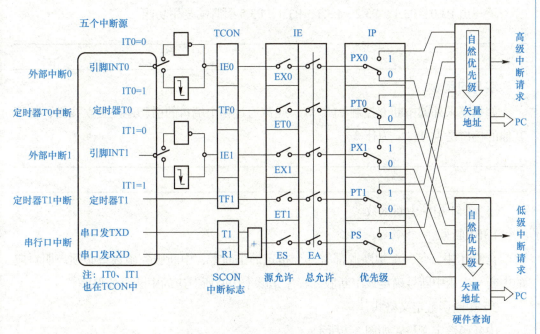

图 3.6 AT89C51 单片机中断系统结构

外部中断 0（INT0）：来自 P3.2 引脚，采集到低电平或者下降沿时，产生中断请求。

外部中断 1（INT1）：来自 P3.3 引脚，采集到低电平或者下降沿时，产生中断请求。

定时器／计数器 0（T0）：定时功能时，计数脉冲来自片内；计数功能时，计数脉冲来自片外 P3.4 引脚。发生溢出时，产生中断请求。

定时器／计数器 1（T1）：定时功能时，计数脉冲来自片内；计数功能时，计数脉冲来自片外 P3.5 引脚。发生溢出时，产生中断请求。

串行口：为完成串行数据传送而设置。单片机完成接收或发送一组数据时，产生中断请求。

引导问题 4

根据图 3.6 AT89C51 单片机中断系统结构，将中断名称对应的中断源填写在表 3.1 中。

表 3.1 中断名称对应的中断源

中断名称	中断源
外部中断 0	
定时器 0 溢出中断	
外部中断 1	
定时器 1 溢出中断	
串口中断	

引导问题 5

请写出 P3.0、P3.1、P3.2、P3.3、P3.4、P3.5 引脚的复用功能。

_____

_____

引导问题 6

如果要求外部中断 0 控制 LED 灯，应该通过哪个端口的引脚连接独立按键，使用其他的接口是否可以，为什么？

_____

（5）C51 中的中断函数。

1）中断号。

在 C51 中，每一个中断源都有一个指定的中断号，中断服务函数中必须声明对应的中断号，用中断号确定该中断服务程序是哪个中断所对应的中断服务程序。

2）中断函数定义格式。

中断函数定义格式如图 3.7 所示。

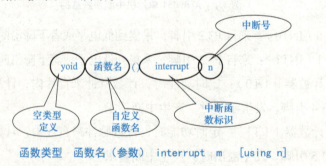

函数类型　函数名（参数）　interrupt m　［using n］

图 3.7 中断函数定义格式

在 C51 程序设计中，当函数定义时用了 interrupt m 修饰符，系统编译时把对应函数转化为中断函数，自动加上程序头段和尾段，并按 51 系统中断的处理方式自动把它安排在程序存储器中的相应位置。

单片机提供 5 个中断源所对应的中断号（表 3.2）。

表 3.2　单片机提供 5 个中断源对应的中断号

中断名称	中断源
外部中断 0	0
定时中断 0	1
外部中断 1	2
定时中断 1	3
串口中断	4

[using n] 用于指定本函数内部使用的工作寄存器组，其中 n 的取值为 0~3，表示寄存器组号。可以省略，省略后系统自动选择。

①中断函数不能进行参数传递，如果中断函数中包含任何参数声明都将导致编译出错。

②中断函数没有返回值，建议在定义中断函数时将其定义为 void 类型，以明确说明没有返回值。

3）中断服务程序的执行。

外部中断设计工作示意如图 3.8 所示。

图 3.8　外部中断设置工作示意

4）外部中断初始化流程。

外部中断初始化流程如图 3.9 所示。

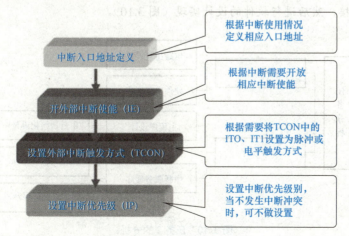

图 3.9　外部中断初始化流程

任务 2　使用 Proteus 仿真软件模拟

Proteus 是一款嵌入式系统仿真开发软件，该软件不仅具有其他 EDA 工具软件的仿真功能，还能仿真单片机及外围器件，是目前最好的仿真单片机及外围器件的工具。从原理图布图、代码调试到单片机与外围电路协同仿真，一键切换到 PCB 设计，真正实现了从概念到产品的完整设计。

引导问题 7

根据演示视频，下载安装 Proteus 仿真软件，将注意事项写到下面。

___

___

___

___

引导问题 8

根据演示视频，练习 Proteus 仿真软件的基本操作，将注意事项写到下面。

___

___

___

___

___

任务 3　外部中断 0 控制 LED 灯变化

要求：初始状态奇数灯灭，偶数灯亮，每按键并松开一次，LED 奇偶灯亮灭状态变化一次。

分析：本任务可以先使用 Proteus ISIS 仿真软件绘制电路图，根据仿真电路图进行硬件电路的连接，然后进行软件的设计实现（图 3.10）。

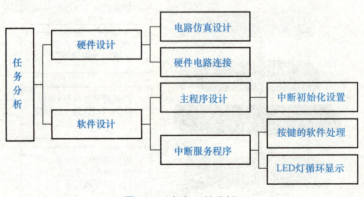

图 3.10　任务 3 的分析

引导问题 9

小组合作，使用 Proteus ISIS 仿真软件绘制电路图。要求使用外部中断控制 LED 灯，首先使 AT89C51 单片机的 P1 口连接 8 个 LED，采用高电平点亮方式，触发外部中断 0 的为 P3.2，按键按下，给 P3.2 输入下降沿信号，触发中断。具体控制系统电路如图 3.11 所示。

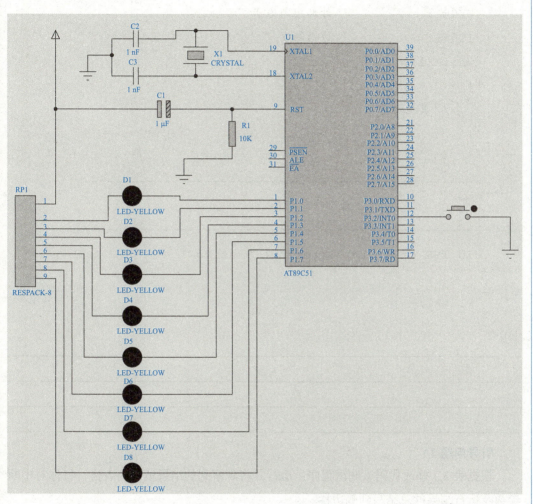

图 3.11　Proteus 仿真电路图

引导问题 10

参考以下代码，讨论并理解后，小组合作进行硬件连接、代码编写、程序调试、下载、运行并观察结果。将硬件连接的关键步骤写到下面。

```
/*------------------------------------------------
通过中断接口 P3.2 连接，按一次 P1 口的 LED 灯反向，使
用边沿触发，所以一直按键不松开和一次按键效果相同
------------------------------------------------*/
```

```c
#include<reg52.h>
main()
{
    P1=0x55;            //P1 口初始值
    EA=1;               // 全局中断开
    EX0=1;              // 外部中断 0 开
    IT0=1;              // 边沿触发
    while(1)
    {
        // 其他程序
    }
}
/*------------------------------------------------
                   外部中断程序
--------------------------------------------------*/
void ISR_Key(void) interrupt 0 using 1
{
    P1=~P1;
}
```

引导问题 11

根据表 3.3 修改代码，调试程序，运行并将观察到的结果填写到表格，将你对中断参数及运行结果的总结写到侧边栏。

表 3.3 电路连接及运行结果分析

参　数	硬件连接怎么样变化	运行结果	分析原因
EA=0，其他不变			
EX0=1，其他不变			
IT0=0，其他不变			
EX1=1，IT1=1，其他不变			

引导问题 12

任务 3 所要求功能，也可以不使用中断机制而改用判断语句（if）实现。

（1）请在下面的框中写出基于 if 语句完成任务 3 功能的 C 程序代码，并调试运行。

（2）当 CPU 执行到按键检测语句后，才去改变 LED 的状态，如果没有执行到，那么即使你按下按键单片机也不会响应，也就是 CPU 主动去问按键有没有被按下。无论 CPU 在执行什么，只要触发中断后，CPU 就会停止在执行的程序，第一时间赶回来处理，也就是按键被按下后主动告诉 CPU。请针对下面进行连线。

     CPU 主动响应   中断机制

     CPU 被动响应   if 语句

任务 4 按键控制 8 个 LED 灯依次点亮

要求：每按键一次，LED 灯从左到右依次逐个点亮，而其他 LED 灯都不亮，循环往复，如图 3.12 所示。

分析：本任务可以先使用 Proteus ISIS 仿真软件绘制电路图，根据仿真电路图进行硬件电路的连接，然后进行软件的设计实现（图 3.13）。

学习笔记

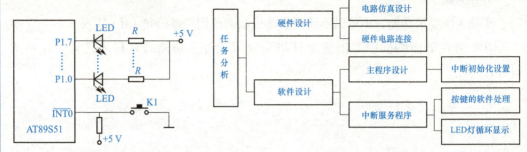

图 3.12 按键控制 LED 灯图示　　　　　　图 3.13 任务 4 分析

引导问题 13

小组合作，使用 Proteus ISIS 仿真软件绘制电路图。要求使用外部中断控制 LED 灯，首先使 AT89C51 单片机的 P1 口连接 8 个 LED 灯，采用高电平点亮方式，触发外部中断 0 的为 P3.2，按键按下，给 P3.2 输入下降沿信号，触发中断。具体控制系统电路如图 3.14 所示。

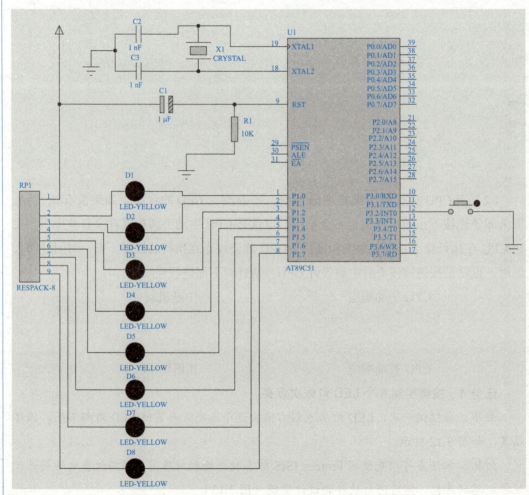

图 3.14 Proteus 仿真电路

引导问题 14

分析实现代码,讨论并理解后,小组合作进行硬件连接、代码编写、程序调试、下载、运行并观察结果。将硬件连接的关键步骤写到下面。

```c
#include<reg52.h>
sbit KEY=P3^2;
unsigned char k=0xfe;
void Delay10Ms();
int main()
{
   IT0=1;    //下降沿触发,中断触发方式位
   EX0=1;    //外部中断0允许
   EA=1;     //开总中断
   while(1)
   {
       P1=k;
   }
}
void Delay10Ms()
{
   unsigned char i,j;
   for(i=40;i>0;i--)
       for(j=250;j>0;j--);
}
void ISR_Key(void) interrupt 0    //外部中断0引起的中断程序
{
   Delay10Ms();
   if(KEY==0)              //二次判断按键确实按下
   {
       while(KEY==0);      //等待按键释放
       k=(k<<1)|0x01;      //左移,最低位补1
   }
```

学习笔记

```
        if(KEY==0xff)          // 满足条件时，说明完成左移 8 位，需重新
                                  赋值
            KEY=0xfe;
    }
```

引导问题 15
外部中断 0 控制 LED 灯，中断初始化中各中断源的值如何设置？

引导问题 16
本例程包含了两个部分：一是中断系统初始化部分；二是中断处理服务函数部分。
（1）小组内讨论并分析该程序，将程序难点写到下面。

（2）该程序中 EA、EX0、IT0 各是什么意思？

引导问题 17
思考中断函数有什么特点以及如何调用中断函数。

引导问题 18
按住按键不放，观察现象，与任务 1 对比有什么不同，为什么？

任务 5　按键控制 LED 灯反向点亮

要求：单片机开发板上 8 个 LED 灯，初始状态奇数灯亮，偶数灯灭，按一次按键，亮灭反转。要求采用外部中断 1 方式实现，启用按键去抖。

引导问题 19

任务要求外部中断 1 控制 LED 灯，使用哪个接口实现与按键的连接？使用其他的接口是否可以，为什么？

引导问题 20

小组讨论，完成程序的编写，将核心代码写到下边，并调试运行。

任务 6　可中断控制的流水灯系统（按键控制 LED 灯交替闪烁）

要求：在 51 单片机的 P1 口上接有 8 只 LED。在外部中断 0 输入引脚 P3.2（INT0*）接有一只按钮开关 K1。程序要求将外部中断 0 设置为负跳沿触发。在程序启动时，P1 口上的 8 只 LED 灯亮。按一次按钮开关 K1，使引脚接地，产生一个负跳沿触发的外中断 0 中断请求，在中断服务程序中，让低 4 位的 LED 灯和高 4 位的 LED 灯交替闪烁。具体电路如图 3.15 所示。

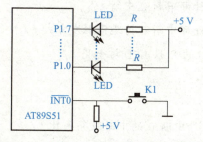

图 3.15　控制 8 只 LED 灯交替闪烁的电路

中断控制演示

引导问题 21

（1）硬件连接。填写表 3.4，完成硬件连接。

学习笔记

表 3.4　硬件连接

单片机接口	模块接口	杜邦线数量	功能

（2）在画横线部分填写合适的代码（123），使程序能完成任务 6 要求的功能。

参考程序如下：

```
#include <reg52.h>
void Delay(unsigned int i)
{
   unsigned int j;
   for(;i>0;i--)
        for(j=0;j<333;j++)
        {;}
}
void main( )
{
    ____1____ ;        /* 总中断允许 */
    EX0=1;             /* 允许外部中断 0 中断 */
    IT0=1;             /* 选择外部中断 0 为跳沿触发方式 */
    P1=___2___;        /* P1 口的 8 只 LED 灯全亮 */
    while(1);          /* 循环 */
}
void int0()interrupt 0 /* 外中断 0 的中断服务函数 */
{
    EX0=0;             /* 禁止外部中断 0 中断 */
    P1=___3___;        /* 低 4 位 LED 灯灭，高 4 位 LED 灯亮 */
```

```
    Delay(800); /* 延时 800 ms*/
    P1=0xf0;    /* 高 4 位 LED 灯灭，低 4 位 LED 灯亮 */
    Delay(800); /* 延时 800 ms */
    EX0=1;             /* 中断返回前，打开外部中断 0 中断 */
}
```

2. 制定计划

根据"项目一流水灯系统制作"所提出的任务要求，小组内互相讨论，制定工作计划表（表3.5）（工作时间列中，"实际"列先不填写）。将本小组选择该工作计划的理由写到下面横线上，并选派代表向全班汇报展示。

表 3.5　工作计划表

工作安全	工作人员	计划	序号	工作阶段/步骤	准备清单元器件/工具/辅助材料	工作安全	工作人员	工作时间	
								计划	实际
			1						
			2						
			3						
			4						
			5						
			6						
	工作环境保护								

日期：　　　　　　　　　　　教师：　　　　　　　　　　　学生：

3. 决策

在充分分析并吸取其他各小组汇报的工作计划及教师点评的基础上，小组内部进行讨论，对原工作计划修改完善，制定新的工作计划。

注意：使用一种不同颜色的书写笔在原工作计划表上进行修改。

4. 实施

实施步骤 1　学生任务分配

学生任务分配表见表 3.6。

学习笔记

表 3.6　学生任务分配表

班级		组号		指导教师	
组长		组员			
组员及分工	姓名		任务		

实施步骤 2　工具及器件检测

请正确选择项目中使用的工具和器件，在使用过程中注意维护与保养。工具使用前要对工具状态进行检查，若有损坏及时进行更换（表 3.7）。

表 3.7　工具与器件检测

序号	名称	工具状态是否良好	损坏情况（没有损坏则不填写）
1	单片机开发板	是 〇 否 〇	
2	计算机	是 〇 否 〇	
3	杜邦线	是 〇 否 〇	
4	USB 连接线	是 〇 否 〇	
5	Keil C51	是 〇 否 〇	
6	STC-ISP	是 〇 否 〇	
7	LED 灯（开发板上）	是 〇 否 〇	
8	USB 驱动	是 〇 否 〇	

实施步骤 3　在右侧线框内画出程序设计的流程图，并将核心代码写到下面

实施步骤 4 实现中断控制流水灯

完成硬件连接、程序编写、软硬件互联、通电、点亮等各项具体的功能要求,填写完成项目任务单,并填写工作计划表中的实际时间栏(表 3.8)。

表 3.8 工作计划表完成情况

序号	产品(任务)名称	完成情况	完成时间	责任人
1				
2				
3				
4				
5				
6				
7				

5. 检查

对照项目需求,明确检测要素,组内检测分工,仔细检查该项目的完成度,并填写表 3.9。若实施过程中出现故障,填写故障排查表(表 3.10)。

表 3.9 检测表

序号	检测要素	检测人员	完成度	备注
1				
2				
3				
4				

表 3.10 故障排查记录表

序号	故障现象	排查过程	解决方法
1			
2			
3			
4			

6. 评估

项目完成后,综合个人以及小组和班级其他同学在项目完成过程中的表现,对自己做出客观评价,明确学习的重点和后期的改进方向。请认真填写表 3.11。

学习笔记

表 3.11 学习评价表

评价指标	评价内容	评价（百分制）
信息检索	能根据工作需要有效利用网络、图书资源、工作手册查找有用的相关信息。	
仪态表达	表述仪态自然、吐字清晰；表达思路清晰、层次分明、准确	
团队精神	积极主动参与工作，与教师、同学之间相互尊重、理解、平等，保持多向、丰富、适宜的信息交流；能提出有意义的问题或能发表个人见解；能够倾听别人意见、协作共享	
学习方法	学习方法得体，有工作计划；探究式学习、自主学习不流于形式，处理好合作学习和独立思考的关系，做到有效学习	
工作过程	遵守管理规程，操作过程符合现场管理要求；善于多角度分析问题，能主动发现、提出有价值的问题；能够正确完成工作任务	
工匠精神	硬件连接稳定、可靠、美观；代码编写规范严谨，有必要的注释	

四、知识扩展

1. 为什么要采用中断？

早期的计算机系统是不包含中断系统的。但是当一个高速主机和一个低速外设连接时，效率极低，低速外设工作时无端占用大量 CPU 时间。一个高速主机和多个低速外设连接时，高速主机无法进行多任务并行处理。后来为了解决快速主机与慢速外设的数据传送问题，引入中断系统，并可以实现如下功能：

（1）分时操作：CPU 可以分时为多个外设服务，提高了 CPU 的利用率；

（2）实时响应：CPU 能够及时处理应用系统的随机事件，系统的实时性大大增强；

（3）可靠性高：CPU 具有处理设备故障及掉电等突发性事件能力，从而使系统可靠性提高。

如没有中断系统，单片机大量时间可能会浪费在是否有服务请求的定时查询操作上，即不论是否有服务请求，都必须去查询。采用中断技术可以完全消除查询方式的等待，大大提高单片机工作效率和实时性。

2. 中断源

产生中断的请求源称为中断源。MCS-51 单片机的中断源可分为两类：外部中断和内部中断。

（1）外部中断源。

1）外部中断 0（INT0）：来自 P3.2 引脚，外部中断请求信号（低电平或负跳变有效）由 INT0 引脚输入，中断请求标志为 IE0。

2）外部中断 1（INT1）：来自 P3.3 引脚，外部中断请求信号（低电平或负跳变有效)由 INT1* 引脚输入,中断请求标志为 IE1。

(2)内部中断源。

1)定时器/计数器 0(T0):定时功能时,计数脉冲来自片内;计数功能时,计数脉冲来自片外 P3.4 引脚。发生溢出时,产生中断请求,标志为 TF0。

2)定时器/计数器 1(T1):定时功能时,计数脉冲来自片内;计数功能时,计数脉冲来自片外 P3.5 引脚。发生溢出时,产生中断请求,标志为 TF1。

3)串行口:为完成串行数据传送而设置。单片机完成接收或发送一组数据时,产生中断请求。

4)RXD:串行口输入端。P3.0 引脚的复用功能,当接收完一帧数据时,硬件自动使 RI 置"1",请求串行口输入中断。

5)TXD:串行口输出端。P3.1 引脚的复用功能,当接收完一帧数据时,硬件自动使 TI 置"1",请求串行口输出中断。

MCS-51 单片机内部有 5 个中断源,但对于 8052 系列的单片机内部则增加了一个定时/计数器 2(T2)的中断,即有 6 个中断源。

3. 中断控制寄存器

(1)TCON(Timer Control Register)定时器/计数器控制寄存器。定时器/计数器的控制寄存器,字节地址为 88H,可位寻址。包括溢出中断请求标志位 TF0 和 TF1,两个外部中断请求的标志位 IE1 与 IE0,两个外部中断请求源的中断触发方式选择位。

| TF1 | TR1 | TF0 | TR0 | IE1 | TF1 | IE0 | IT0 |

TF1——定时器/计数器 T1 的溢出中断请求标志位。

当启动 T1 计数后,T1 从初值开始加 1 计数,当最高位产生溢出时,硬件置 TF1 为"1",向 CPU 申请中断,响应 TF1 中断时,TF1 标志硬件自动清"0",TF1 也可由软件清"0"。

TF0——定时器/计数器 T0 溢出中断请求标志位,与 TF1 类似。

IE1——外部中断请求 1 中断请求标志位。

IE0——外部中断请求 0 中断请求标志位,与 IE1 类似。

IT1——选择外中断请求 1 的触发方式

0——电平触发方式,加到 INT0 脚上的外中断请求输入信号为低电平有效,并把 IE1 置"1"。转向中断服务程序时,则由硬件自动把 IE1 清"0"。

1——跳沿触发方式,加到 INT1 脚上的外中断请求输入信号从高到低的负跳变有效,并把 IE1 置"1"。转向中断服务程序时,则由硬件自动把 IE1 清"0"。

IT0——选择外中断请求 0 为跳沿触发方式还是电平触发方式,与 IT1 类似。

当 AT89S51 复位后,TCON 被清"0",5 个中断源的中断请求标志均为 0。

TR1（D6位）、TR0（D4位）这2位与中断系统无关，仅与定时器/计数器T1和T0有关，将在定时器/计数器中介绍。

对脉冲触发方式的外部中断，CPU响应中断后硬件自动清除中断请求标志IE0和IE1，但对电平触发方式的外部中断，由于CPU响应中断速度较快，容易导致连续多次中断，因此，选择外部中断触发方式时，最好选择下降沿触发方式。

（2）SCON（Serial Port Control Register）串口控制寄存器。串行口控制寄存器，字节地址为98H，可位寻址。SCON的低二位锁存串口的发送中断和接收中断的中断请求标志为TI和RI。

SM0	SM1	SM2	REN	TB8	RB8	TI	RI

SCON标志位功能如下：

1）TI：串口发送中断请求标志位。CPU将1字节的数据写入串口的发送缓冲器SBUF时，就启动一帧串行数据的发送，每发送完一帧串行数据后，硬件使TI自动置"1"。CPU响应串口发送中断时，并不清除TI中断请求标志，TI标志必须在中断服务程序中用指令对其清"0"。

2）RI：串行口接收中断请求标志位。在串口接收完一个串行数据帧，硬件自动使RI中断请求标志置"1"。CPU在响应串口接收中断时，RI标志并不清"0"，须在中断服务程序中用指令对RI清"0"。

注意：这两个标志位在CPU响应中断后，硬件无法自动使其清零，需要用软件清零。

（3）IE（Interrupt Enable）中断允许控制寄存器。各中断源开放或屏蔽，由片内中断允许寄存器IE控制。IE字节地址为A8H，可进行位寻址，格式如下：

EA			ES	ET1	EX1	ET0	EX0

IE对中断开放和关闭实现两级控制。一个总的中断开关控制位EA（IE.7位），当EA=0，所有中断请求被屏蔽，CPU对任何中断请求都不接受；当EA=1时，CPU开中断，但5个中断源的中断请求是否允许，还要由IE中的低5位所对应的5个中断请求允许控制位的状态来决定。

1）EA——中断允许总开关控制位。

　　EA=0，所有的中断请求被屏蔽。

　　EA=1，中断总允许，总允许后中断的禁止或允许由各中断源的中断允许控制位进行设置。

2）EX0和EX1——外部中断0和1允许控制位。

　　EX0（EX1）=0，禁止外部中断0（1）的中断。

　　EX0（EX1）=1，允许外部中断0（1）的中断。

3）ET0和ET1——定时/计数器0和1中断允许控制位。

ET0（ET1）=0，禁止定时/计数器T0（T1）的中断。

ET0（ET1）=0，允许定时/计数器T0（T1）的中断。

4）ES——串行口中断允许位。

ES=0，禁止串行口中断。

ES=1，允许串行口中断。

5）ET2——定时/计数器2中断允许控制位（8052系列单片机使用）。

AT89S51复位后，IE被清"0"，所有中断请求被禁止。IE中与各个中断源相应位可用指令置"1"或清"0"，即可允许或禁止各中断源的中断申请。若使某一个中断源被允许中断，除了IE相应位被置"1"外，还必须使EA位置"1"。

（4）IP（Interrupt Priority）中断优先级寄存器。中断请求源有两个中断优先级，每一个中断请求源可由软件设置为高优先级中断或低优先级中断，也可实现两级中断嵌套。即正在执行低优先级中断的服务程序时，可被高优先级中断请求所中断，待高优先级中断处理完毕后，再返回低优先级中断服务程序。

中断优先级寄存器IP，字节地址为B8H，可位寻址。只要用程序改变其内容，即可进行各中断源中断优先级设置，IP寄存器格式如下：

				PS	PT1	PX1	PT0	PX0

中断优先级寄存器IP各位含义：

PS—串行口中断优先级控制位，1—高级，0—低级。

PT1—T1中断优先级控制位，1—高级，0—低级。

PX1—外部中断1中断优先级控制位，1—高级，0—低级。

PT0—T0中断优先级控制位，1—高级，0—低级。

PX0—外部中断0中断优先级控制位，1—高级，0—低级。

中断优先级控制寄存器IP各位都可由程序置"1"和清"0"，用位操作指令或字节操作指令可更新IP的内容，改变各中断源的中断优先级。复位后，各中断源均为低优先级中断，IP内容为00。

中断系统有两个不可寻址的"优先级激活触发器"，其中一个指示某高优先级中断正在执行，所有后来中断均被阻止；另一个触发器指示某低优先级中断正在执行，所有同级中断都被阻止，但不阻断高优先级的中断请求。

在同时收到几个同优先级的中断请求时，哪一个中断请求能优先得到响应，取决于内部查询顺序。这相当于在同一个优先级还存在另一辅助优先级结构。各中断源在同一优先级条件下，外部中断0中断优先权最高，串行口中断的优先权最低。

4. 中断入口地址及响应过程

中断入口地址及响应过程见表3.12。

学习笔记

表 3.12　中断入口地址及响应过程

中断源	入口地址	中断号	说明	中断优先级
外部中断 0	0003H	0	P3.2（　　）引脚上的低电平 / 下降沿引起的中断	高
定时 / 计数器 0	000BH	1	T0 计数器溢出后引起的中断	
外部中断 1	0013H	2	P3.3（　　）引脚上的低电平 / 下降沿引起的中断	
定时 / 计数器 1	001BH	3	T1 计数器溢出后引起的中断	
串口中断	0023H	4	串行口接收或发送完一帧数据后引起的中断	
定时 / 计数器 2	002BH	5	T2 计数器溢出后引起的中断（51 系列单片机没有此中断）	低

关于中断的优先级有 3 条原则：

（1）CPU 同时接收到几个中断时，首先响应优先级最高的中断请求。

（2）正在进行的中断过程不能被新同级或低优先级的中断请求中断。

（3）正在进行的低优先级中断服务，能被高优先级中断请求中断。

5. 中断响应条件

单片机并非任何时刻都能响应中断请求，而是在满足中断响应条件下才能响应，须满足以下必要条件：

（1）总中断允许开关接通，即 IE 寄存器中的中断总允许位 EA=1。

（2）该中断源发出中断请求，即该中断源对应的中断请求标志为 "1"。

（3）该中断源的中断允许位 =1，即该中断被允许。

（4）无同级或更高级中断正在被服务。

中断响应就是 CPU 对中断源提出的中断请求的接受，当查询到有效的中断请求，满足上述条件时，紧接着就进行中断响应。

中断响应是有条件的，并不是查询到的所有中断请求都能被立即响应，当遇到下列 3 种情况之一时，中断响应被封锁：

（1）CPU 正在处理同级或更高优先级的中断。

（2）所查询机器周期不是当前正在执行指令的最后一个机器周期。

（3）正在执行的指令是 RETI 或是访问 IE 或 IP 的指令。

如存在上述 3 种情况之一，CPU 将丢弃中断查询结果，不能对中断进行响应。

任务 7　两个优先级相同的外中断应用

要求：如图 3.16 所示，在 51 单片机的 P1 口上接有 8 只 LED 灯。在外部中断 0 输入引脚 P3.2（INT0*）引脚接有一只按钮开关 K1。在外部中断 1 输入引脚 P3.3

（INT1*）引脚接有一只按钮开关 K2。程序要求 K1 和 K2 都未按下时，P1 口的 8 只 LED 灯呈流水灯显示，仅 K1（P3.2）按下时，左右 4 只 LED 灯交替闪烁。仅按下 K2（P3.3），P1 口的 8 只 LED 灯全部闪亮。两个外中断的优先级相同。

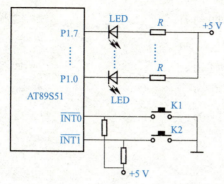

图 3.16　两个外中断控制 8 只 LED 灯显示的电路

参考程序如下：

```
#include <reg51.h>
void Delay(unsigned int i)
{
  unsigned int j;
  for(;i>0;i--)
  for(j=0;j<125;j++)
  {;;}                    /* 空函数 */
}
void main()
{
  unsigned char play[9]={0xff,0xfe,0xfd,0xfb,0xf7,0xef,0xdf,0xbf,0x7f};
  unsigned char a;
  for(;;)
  {
      for(a=0;a<9;a++)
      {
        {
            Delay(500);
            P1=play[a];
        }
```

```
                    EA=1;              /* 总中断允许 */
                    EX0=1;             /* 允许外部中断 0 中断 */
                    EX1=1;             /* 允许外部中断 1 中断 */
                    IT0=1;                    /* 选择外部中断 0 为跳沿触
                                              发方式 */
                    IT1=1;                    /* 选择外部中断 1 为跳沿触
                                              发方式 */
                    IP=0;
                }
            }
        }
    void int0_isr(void) interrupt 0 using 0   /* 外中断 0 的中断服务函数 */
    {
      for(;;)
      P1=0x0f;           /* 低 4 位 LED 灭,高 4 位 LED 亮 */
      Delay(500);        /* 延时 */
      P1=0xf0;           /* 高 4 位 LED 灭,低 4 位 LED 亮 */
      Delay(500);        /* 延时 */
    }
    void int1_isr(void) interrupt 2 using 1 /* 外中断 1 的中断服务函数 */
    {
      for(;;)
      {
            P1=0xff;                   /* 全灭 */
            Delay(500);                /* 延时 */
            P1=0;                      /* 全亮 */
            Delay(500);
      }
    }
```

引导问题 22

该程序在实现过程中,存在逻辑上的问题,仔细观察运行结果,分析可能导致问题的原因,并将自己的改进措施写到下边。

任务 8　两个优先级不同的外中断应用（中断嵌套）

中断嵌套只能发生在单片机正在执行一个低优先级中断服务程序的时候，此时又有一个高优先级中断产生，就会产生高优先级中断打断低优先级中断服务程序，去执行高优先级中断服务程序。高优先级中断服务程序完成后，再继续执行低优先级中断服务程序。

要求： 电路如图 3.17 所示，设计一个中断嵌套程序。要求 K1 和 K2 都未按下时，P1 口的 8 只 LED 灯呈流水灯显示，当 K1 按下再松开时，产生一个低优先级的外中断 0 请求（跳沿触发），进入外中断 0 中断服务程序，左右 4 只 LED 灯交替闪烁。此时按下 K2 再松开时，产生一个高优先级的外中断 1 请求（跳沿触发），进入外中断 1 中断服务程序，P1 口的 8 只 LED 灯全部闪烁。当显示一段时间后，再从外中断 1 返回继续执行外中断 0 中断服务程序，即 P1 口控制 8 只 LED 灯中的左右 4 只 LED 灯交替闪烁。设置外中断 1 为高优先级，外中断 0 为低优先级。

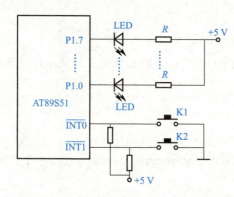

图 3.17　两个外中断嵌套控制 8 只 LED 灯显示的电路

参考程序如下：

```c
#include <reg51.h>
unsigned char
play[9]={0xff,0xfe,0xfd,0xfb,0xf7,0xef,0xdf,0xbf,0x7f};

void Delay(unsigned int i)
{
  unsigned int j;
    for(;i>0;i--)
        for(j=0;j<125;j++)
             {;}
}
void  main()
```

```c
{
  unsigned char a;
    EA=1;              /* 总中断允许 */
  EX0=1;               /* 允许外部中断 0 中断 */
  EX1=1;               /* 允许外部中断 1 中断 */
  IT0=1;               /* 选择外部中断 0 为跳沿触发方式 */
  IT1=1;               /* 选择外部中断 1 为跳沿触发方式 */
  PX0=0;               /* 外部中断 0 为低优先级 */
  PX1=1;               /* 外部中断 1 为高优先级 */
  for(;;)
  {
    for(a=0;a<9;a++)
    {
          Delay(500);
          P1= play [a];/* 将已经定义的流水灯显示数据送到 P1 口 */
    }
  }
}
void int0_isr(void) interrupt 0 using 0 /* 外中断 0 的中断服务函数 */
{
  for(;;)
  P1=0x0f;             /* 低 4 位 LED 灯灭, 高 4 位 LED 灯亮 */
  Delay(500);          /* 延时 */
  P1=0xf0;             /* 高 4 位 LED 灯灭, 低 4 位 LED 灯亮 */
  Delay(500);          /* 延时 */
}
void int1_isr (void)   interrupt 2   using 1    /* 外中断 1 的中断服务函数 */
{
  P1=0;                /*8 位 LED 灯全亮 */
  Delay(500);          /* 延时 */
  P1=0xff;             /*8 位 LED 灯全灭 */
  Delay(500);
}
```

五、项目小结

1. 在本项目中,你主要学习了哪些知识,完成了哪些任务?

2. 哪些知识或者任务对你来说难度较大?

3. 在单片机中断程序编写中,你认为有哪些要点?

项目二　简易秒表的制作

一、项目描述

电子秒表是一种常用的测时仪器,具有显示直观、读取方便、功能多等优点,在日常生活中应用得较为广泛。利用单片机的定时器/计数器实现分、秒定时,结合按键和显示部件,实现电子秒表的设计(图3.18)。

图 3.18　简易秒表显示效果图

项目要求:

(1) 4位 LED 数码管显示秒、分值。从右往左显示秒值的个位、十位,分值的个位、十位,个位能向十位进位。

(2) 上电后首先显示 0000,表示从 0000 秒开始计时,当时间显示到 59 时,4 位显示都清零,从零开始。

(3) 设计 3 个独立式按键 key1、key2、key3,分别实现启动、暂停、复位功能。

在 51 单片机的 P1 口上接有 8 只 LED。初始状态 8 只 LED 亮,按下按键,高 4 位和低 4 位 LED 交替闪烁。

二、项目分析

(1) 为方便编程,3 个独立按键 key1、key2、key3 可分别接到外部中断 0、外部中断 1 和定时器 T0 引脚上。

（2）采用中断方式，外部中断 0、外部中断 1 设为下降沿触发，T0 作为计数器，计 1 次溢出。

（3）可选工作方式 2，此时 TH0、TL0 初值均为 0xff，T1 作为 1 s 定时器使用，为了保证延时的精确性，这里 T1 也采用工作方式 2，但方式 2 最大定时时间为 0.256 ms，为实现 1 s 的定时，可设定时器 T1 的定时时间为 0.25 ms，定时器溢出 4 000 次则说明定时满 1 s。

本项目主要完成简易秒表的制作，包含多个定时器 / 计数器的 C51 编程及应用实例任务，逐级递进，涉及的知识点有 AT89S51 单片机片内定时器 / 计数器的结构与功能，两种工作模式和 4 种工作方式，以及与其相关的两个特殊功能寄存器 TMOD 和 TCON 各位的定义及其编程。

学习路线如图 3.19 所示。

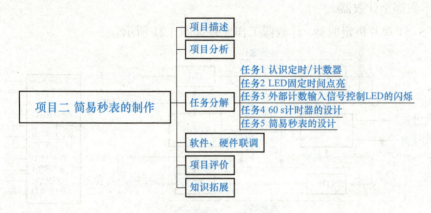

图 3.19　简易秒表的制作学习路线

三、项目实施

1. 知识准备（资讯、收集信息）

任务 1　认识定时 / 计数器

（1）定时 / 计数器的基本概念。定时 / 计数器是单片机系统一个重要的部件，其工作方式灵活、编程简单、使用方便，可用来实现定时控制、延时、频率测量、脉宽测量、信号发生、信号检测等。此外，定时 / 计数器还可作为串行通信中的波特率发生器。

在工业检测与控制中，许多场合要用到计数或定时功能。例如，对外部脉冲进行计数或产生精确的定时时间等。片内两个可编程的定时器 / 计数器 T1、T0，可满足这方面的需要（图 3.20）。

定时器（模式）可用于测量事件之间的时间间隔，如脉冲宽度。

计数器（模式）可用于测定某个事件发生的次数，如脉冲个数。

定时器（模式）还可以给串行端口提供波特率时钟信号（图 3.20）。

图 3.20 定时器/计算器的功能

引导问题 1

根据定时/计数器的概念，你在生活中都见过哪些定时/计数器应用的场景？举例说明。

_____

_____

（2）定时器/计数器的结构。

MCS-51 单片机有两个 16 位定时器/计数器，分别为 T0 和 T1。T0 和 T1 又分为两个 8 位定时器/计数器，名为 TH0/TL0 和 TH1/TL1。MCS-51 单片机的定时器/计数器的本质都是计数器。

MCS-51 单片机定时器/计数器工作原理如图 3.21 所示。

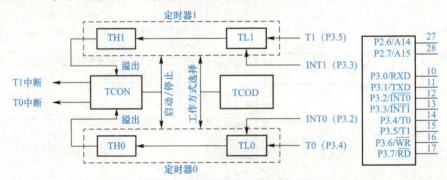

图 3.21 MCS-51 单片机定时器/计数器结构

对 MCS-51 单片机来说，当选择单片机的机器周期作为计数对象时，它们是定时器；当对通过 T0 引脚（P3.4）或 T1 引脚（P3.5）引入的外部脉冲作为计数对象时，它们是计数器（图 3.22）。

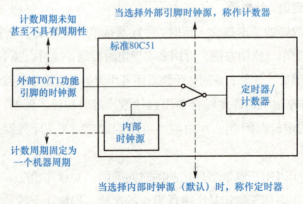

图 3.22 MCS-51 单片机定时/计数原理

引导问题 2

根据图 3.22，请说明定时/计数器时钟源的区别。

_____

_____

定时/计数功能由软件控制和切换，如图 3.23 所示。

图 3.23 定时/计数功能控制和切换

当 T0 或 T1 用作定时器时，其计数脉冲源于晶振时钟输出信号的 12 分频，即每个机器周期使计数器加 1；

当 T0 或 T1 用作计数器时，只要 T0 或 T1 引脚上有一个从 1 到 0 的负跳变，相应的计数器就加 1；单片机只在每个机器周期的 S5P2 状态对 T0 及 T1 引脚上的电平进行一次采样，同时单片机需要用两个机器周期来识别一次负跳变，所以单片机计数器的最高计数频率为晶振频率的 1/24。

引导问题 3

根据图 3.23，请阐述定时器/计数器的基本工作原理。

_____

_____

（3）定时器/计数器的工作方式。

定时器/计数器共有 4 种工作方式，由 TMOD 寄存器中的 M1M0 决定，功能见表 3.13。

表 3.13 定时器/计数器工作方式

M1	M0	工作方式	功能描述
0	0	方式 0	13 位计数器
0	1	方式 1	13 位计数器
1	0	方式 2	自动重装初值 S 位计数器
1	1	方式 3	定时器 0：分为两个独立的 8 位计数器 定时器 1：停止工作（无中断的计数器）

在 4 种工作方式中，方式 0 与方式 1 基本相同，只是计数器的计数位数不同。方式 0 为 13 位计数器，方式 1 为 16 位计数器。由于方式 0 是为兼容 MCS-48 而设，且其计数初值计算复杂，所以在实际应用中，一般不用方式 0，而采用方式 1。

引导问题 4

什么是定时器 T0 的方式 1？四种工作方式有何异同？

引导问题 5

定时器 T0 的方式 1，应如何设置 TMOD 寄存器？将图 3.24 相应设置数据填写到下边的虚线框中。

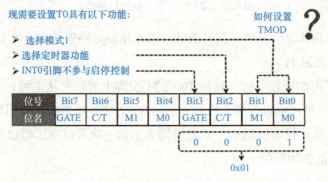

图 3.24　定时器设置

（4）定时 / 计数器的初始化过程

初始化步骤如图 3.25 所示：

（1）确定工作方式——对 TMOD 赋值。

（2）预置定时或计数的初值——直接将初值写入 TH0、TL0 或 TH1、TL1。

（3）根据需要开启定时 / 计数器中断——直接对 IE 寄存器赋值。

（4）启动定时 / 计数器工作——将 TR0 或 TR1 置 "1"。

图 3.25　初始化步骤

引导问题 6

小组讨论，在线框内画出程序设计的流程。

主程序

子程序

参考流程如图 3.26 所示：

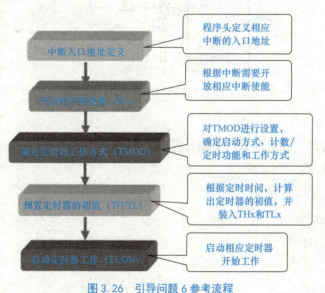

图 3.26　引导问题 6 参考流程

引导问题 7

如何计算 T0 计数初值？

引导问题 8

如何设置 IE 寄存器?

_____

_____

本任务由于采用定时器 T0 中断,因此需将 IE 寄存器中的 EA、ET0 位置 1。

引导问题 9

如何启动和停止定时器 T0？

_____

_____

任务 2　LED 固定时间点亮

在 AT89S51 单片机的 P1 口上接有 8 只 LED,如图 3.27 所示。下面采用定时器 T0 的方式 1 的定时中断方式,使 P1 口外接的 8 只 LED 每 0.5s 闪亮一次。

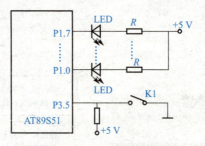

图 3.27　LED 固定时间点亮

引导问题 10

根据任务要求,在程序软件中编写程序代码。

参考程序如下:

```c
#include<reg52.h>
char i=100;                    /*给变量 i 赋初值*/
void main( )
{
    TMOD=0x01;        /*设置定时器 T0 为方式 1*/
    TH0=0xee;         /*向 TH0 写入初值的高 8 位*/
    TL0=0x00;         /*向 TL0 写入初值的低 8 位*/
    P1=0x00;          /*P1 口 8 只 LED 点亮*/
    EA=1;             /*总中断允许*/
    ET0=1;            /*定时器 T0 中断允许*/
    TR0=1;            /*启动定时器 T0*/
```

```
        while(1);           /* 无穷循环，等待定时中断 */
    }
    void T0_int(void)    interrupt 1
    {
        TH0=0xee;            /* 给 T0 装入 16 位初值，计 4608 个数后 T0 溢出 */
        TL0=0x00;
        i--;                 /* 循环次数减 1 */
        if(i<=0)
        {
            P1=~P1;          /* P1 口按位取反 */
            i=100;           /* 重新设置循环次数 */
        }
    }
```

写寄存器注意事项。

假设：T1 正在工作中，处于模式 1，现在需要设置 T0 为模式 1（图 3.28）。

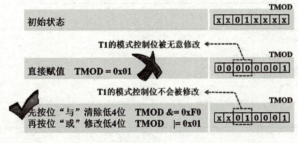

图 3.28 设置寄存器模式

引导问题 11

基于完善后的代码，小组合作完成硬件连接、编写代码、调试程序、下载、运行、观察结果，将遇到的问题和解决方法总结下来。

_____
_____
_____
_____

任务 3 外部计数输入信号控制 LED 的闪烁

采用定时器 T1 的方式 1 的中断计数方式，计数输入引脚 T1（P3.5）上外接开关 K1，作为计数信号输入。按 4 次 K1 后，P1 口的 8 只 LED 闪烁不停，连接如图 3.29 所示。

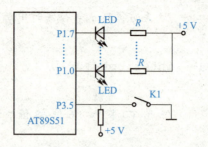

图 3.29　由外部计数输入信号控制 LED 的闪烁

引导问题 12

任务 3 中，如何设置 TMOD 寄存器？

_____

_____

_____

引导问题 13

任务 3 中，如何计算 T1 计数初值？

_____

_____

_____

引导问题 14

任务 3 中，如何设置 IE 寄存器？

_____

_____

_____

引导问题 15

任务 3 中，如何启动和停止定时器 T1？

_____

_____

_____

引导问题 16

在画横线部分填写合适的代码（123），使程序能完成任务 2 要求的功能。

```
#include <reg51.h>
void Delay(unsigned int i)
{
```

```c
    unsigned int j;
    for(;i>0;i--)
        for(j=0;j<125;j++)
        {;}
}
void  main( )              /* 主函数 */
{
    TMOD=___1___;          /* 设置定时器 T1 为方式 1 计数 */
    TH1=0xff;              /* 向 TH0 写入初值的高 8 位 */
    TL1=0xfc;              /* 向 TL0 写入初值低 8 位 */
    EA=___2___;            /* 总中断允许 */
    ET1=1;                 /*T1 中断允许 */
    TR1=__3___;            /* 启动 T1*/
    while(1);              /* 无穷循环,等待定时中断 */
}
/* 以下为定时器 T1 的中断服务程序 */
void T1_int(void)    interrupt 3
{
    for(;;)                                /* 无限循环 */
    {
        P1=0xff;           /*8 位 LED 全灭 */
        Delay(500);        /* 延时 500 ms*/
        P1=0;              /*8 位 LED 全亮 */
        Delay(500);
    }
}
```

引导问题 17

基于完善后的代码,小组合作完成硬件连接、编写代码、调试程序、下载、运行、观察结果,将遇到的问题和解决方法总结下来。

_____
_____
_____
_____

学习笔记

任务 4　60 s 计时器的设计

要求：

（1）设计 2 个按键，key1 为启动键，key2 为清零键，直接清零时，数码显示管上显示"00"。

（2）计时器为 60 s 内递加计时，计时间隔为 1s。

（3）计时器递加到 60 s 时，数码管显示"60"，同时蜂鸣器发声，直到 key2 清零键按下蜂鸣器停止发声。设晶振频率为 12 MHz。

引导问题 18

小组讨论，如何实现计时功能？

_____
_____
_____
_____
_____

引导问题 19

定时器/计数器的初始值应如何设置？

_____
_____
_____
_____
_____
_____

引导问题 20

根据任务要求，在程序软件中编写程序代码。

参考程序如下：

```
#include<reg51.h>
unsigned char
duan[]={0x3f,0x06,0x5b,0x4f,0x66,0x6d,0x7d,0x07,0x7f,0x6f};
    sbit key1=P1^0;
    sbit key2=P1^1;
    sbit beep=P3^7;
```

```c
bit run;
unsigned char count,i;
void delay(unsigned int z)
{
    unsigned int x,y;
    for(x=z;x>0;x--)
        for(y=125;y>0;y--);
}
void main()
{
    P0=0;
    P2=0;
    key1=1;
    key2=1;
    TMOD=0x01;
    TH0=0x3c;
    TL0=0xb0;
    EA=1;
    ET0=1;
    while(1)
    {
        if(key1==0)
        {
            run=1;
            count=0;
        }
        else if(key2==0)
        {
            run=0;
            count=0;
        }
        if(run)
        {
            TR0=1;
```

```c
        }
        else
        {
            TR0=0;
            P0=duan[0];
            P2=duan[0];
        }
        if(count==60)
        {
            beep=1;         //蜂鸣器响
            delay(1);       //调用1 ms延时
            beep=0;         //蜂鸣器不响
            delay(1);       //调用1 ms延时
        }
    }
}
void timer0( ) interrupt 1
{
    i++;
    if(i==20)
    {
        i=0;
        count++;
        if(count>=60)
        {
            count=60;
        }
        P0=duan[count/10];
        P2=duan[count%10];
    }
    TH0=0x3c;
    TL0=0xb0;
}
```

引导问题 21

绘制硬件电路图，粘贴到下方。

引导问题 22

基于完善后的代码，小组合作完成硬件连接、编写代码、调试程序、下载、运行、观察结果，将遇到的问题和解决方法总结下来。

_____
_____

任务 5　简易秒表的设计

分析： 为方便编程，3 个独立按键 key1、key2、key3 可分别接到外部中断 0、外部中断 1 和定时器 T0 引脚上，采用中断方式，外部中断 0、外部中断 1 设为下降沿触发，T0 作为计数器，计 1 次溢出，可选工作方式 2，此时 TH0、TL0 初值均为 0xff，T1 作为 1 s 定时器使用，为了保证延时的精确性，这里 T1 也采用工作方式 2，但方式 2 最大定时时间为 0.256 ms，为实现 1 s 的定时，可设定时器 T1 的定时时间为 0.25 ms，定时器溢出 4 000 次则说明定时满 1 s。

引导问题 23

定时器 / 计数器的初始值应如何设置？

_____
_____

引导问题 24

在画横线部分填写合适的代码（123），使程序能完成任务 5 要求的功能。

参考程序如下：

```c
#include<reg51.h>
unsigned char duan[]={0x3f,0x06,0x5b,0x4f,0x66,0x6d,0x7d,0x07,0x7f,0x6f};
unsigned char wei[]={0xfe,0xfd,0xfb,0xf7};
unsigned char time[4];
sbit key1=P3^2;
sbit key2=P3^3;
sbit key3=P3^4;
unsigned int i;
unsigned char miao,fen,j;
void delay(unsigned int z)
{
    unsigned int x,y;
    for(x=z;x>0;x--)
        for(y=125;y>0;y--);
}
void main()
{
    key1=1;
    key2=1;
    key3=1;
    TMOD=___1___;
    TH1=0x06;
    TL1=0x06;
    TH0=0xff;
    TL0=0xff;
    IE=0x8f;
    IT0=1;
    IT1=1;
    TR0=1;
    while(1)
    {
```

```
            time[0]=fen/10;
            time[1]=___2___;
            time[2]=miao/10;
            time[3]=miao%10;
            for(j=0;j<4;j++)
            {
                P2=__3___;
                P0=duan[time[j]];
                delay(1);
            }
        }
}
void int0() interrupt 0
{
    TR1=1;
}
void int1() interrupt 2
{
    TR1=0;
}
void timer0( ) interrupt 1
{
    miao=0;
    fen=0;
    TR1=0;
}
void timer1( ) interrupt 3
{
    i++;
    if(i==4000)
    {
        i=0;
        miao++;
        if(miao==60)
```

学习笔记

```
            {
                miao=0;
                fen++;
                if(fen==60)
                    fen=0;
            }
        }
    }
```

引导问题 25

绘制硬件电路图，粘贴到下方。

2. 制定计划

根据"项目二简易秒表的制作"所提出的任务要求，小组内互相讨论，制定工作计划表（表 3.14）（在工作时间列中，"实际"列先不填写）。将本小组选择该工作计划的理由写到下面横线上，并选派代表向全班汇报展示。

表 3.14　工作计划表

工作安全	工作人员	计划	序号	工作阶段/步骤	准备清单 元器件/工具/辅助材料	工作安全	工作人员	工作时间	
								计划	实际
			1						
			2						
			3						

162　■　单片机系统设计与开发案例教程

续表

工作安全	工作人员	计划	序号	工作阶段/步骤	准备清单 元器件/工具/辅助材料	工作安全	工作人员	工作时间	
								计划	实际
			4						
			5						
			6						
	工作环境保护								

日期：　　　　　　　　　　　教师：　　　　　　　　　　　学生：

3. 决策

在充分分析并吸取其他各小组汇报的工作计划及教师点评的基础上，小组内部进行讨论，对原工作计划修改完善，制定新的工作计划。

注意：使用一种不同颜色的书写笔在原工作计划表上进行修改。

4. 实施

实施步骤1　学生任务分配

学生任务分配见表3.15。

表 3.15　学生任务分配表

班级		组号		指导教师	
组长		组员			
组员及分工	姓名			任务	

实施步骤2　工具及器件检测

请正确选择项目中使用的工具和器件，在使用过程中注意维护与保养。工具使用前要对工具状态进行检查，若有损坏及时进行更换（表3.16）。

表 3.16　工具及器件检测

序号	名称	工具状态是否良好	损坏情况（没有损坏则不填写）
1	单片机开发板	是 ○ 否 ○	
2	计算机	是 ○ 否 ○	
3	杜邦线	是 ○ 否 ○	

学习笔记

续表

序号	名称	工具状态是否良好	损坏情况（没有损坏则不填写）
4	USB 连接线	是〇否〇	
5	Keil C51	是〇否〇	
6	STC-ISP	是〇否〇	
7	LED 灯（开发板上）	是〇否〇	
8	USB 驱动	是〇否〇	

实施步骤 3　在右侧线框内画出程序设计的流程图，并将核心代码写到下面

_____

_____

_____

_____

_____

_____

实施步骤 4　实现秒表设计

完成硬件连接、程序编写、软硬件互联、通电、点亮等各项具体的功能要求，填写完成项目任务单（表 3.17），并填写工作计划表中的实际时间栏（表 3.14）。

表 3.17　项目任务单

序号	产品（任务）名称	完成情况	完成时间	责任人
1				
2				
3				
4				
5				
6				
7				

5. 检查

对照项目需求，明确检测要素，组内检测分工，仔细检查该项目的完成度，并填写表 3.18。若实施过程中出现故障，填写故障排查表（表 3.19）。

表 3.18 检测表

序号	检测要素	检测人员	完成度	备注
1				
2				
3				
4				

表 3.19 故障排查记录表

序号	故障现象	排查过程	解决方法
1			
2			
3			
4			

6. 评估

项目完成后，综合个人以及小组和班级其他同学在项目完成过程中的表现，对自己做出客观评价，明确学习的重点和后期的改进方向。请认真填写表 3.20。

表 3.20 学习评价表

评价指标	评价内容	评价（百分制）
信息检索	能根据工作需要有效利用网络、图书资源、工作手册查找有用的相关信息	
仪态表达	表述仪态自然、吐字清晰；表达思路清晰、层次分明、准确	
团队精神	积极主动参与工作，与教师、同学之间相互尊重、理解、平等，保持多向、丰富、适宜的信息交流；能提出有意义的问题或能发表个人见解；能够倾听别人意见、协作共享	
学习方法	学习方法得体，有工作计划；探究式学习、自主学习不流于形式，处理好合作学习和独立思考的关系，做到有效学习	
工作过程	遵守管理规程，操作过程符合现场管理要求；善于多角度分析问题，能主动发现、提出有价值的问题；能够正确完成工作任务	
工匠精神	硬件连接稳定、可靠、美观；代码编写规范、严谨，有必要的注释	

四、知识扩展

1. 定时/计数器简介

在 51 系列单片机内部有两个 16 位可编程的定时/计数器，简称为 T0 和 T1。它们的核心部件都是 16 位加法计数器，当计数计满回零时，自动产生溢出发出中断请求，表示定时时间已到或计数已满，使用时可通过编程设置为定时或计数模式。

定时/计数器的相关寄存器见表 3.21。

表 3.21 定时/计数器的相关寄存器

符号	描述	地址	MSB			位地址及其符号				LSB	复位值
TCIB	定时器控制寄存器	88H	TF1	TR1	TF0	TR0	IE1	IT1	IE0	IT0	0000 0000B
TMOD	定时器模式寄存器	89H									0000 0000B
TL0	Timer Low 0	8AH									0000 0000B
TL1	Timer Low 1	8BH									0000 0000B
TL0	Timer High 0	8CH									0000 0000B
TL1	Timer High 1	8DH									0000 0000B
AUXR	辅助寄存器	8EH	TX12	T1X12	UART-MOX6	BRTR	S2SMOD	VRTX12	EXTRAN	SUVRS	00xx xxxxB
WAKE-CLKO	时钟输出和掉电唤醒寄存器	8FH	PCAWAKEUP	RXD-PIN-IE	TI-PIN-IE	TO-P1-1E	LVD-WwAKE	BRTCLKO	TICLKO	TOCLKO	0000 0000B

THx（高 8 位）和 TLx（低 8 位）：
按照 M1 和 M0 的值组成加法定时/计数器；
对时钟源脉冲进行计数，在时钟源的下降沿时计数器加 1；
计满时，在下一个脉冲下降沿清零，并产生溢出，TFx 置位。
定时/计数器描述见表 3.22。

表 3.22 定时/计数器描述

名称	描述	地址	复位值
TL0	定时/计数器 0 低 8 位	8AH	00H
TL1	定时/计数器 1 低 8 位	8BH	00H
TH0	定时/计数器 0 高 8 位	8CH	00H
TH1	定时/计数器 1 高 8 位	8DH	00H

T0 和 T1 都具有定时器和计数器两种工作模式，4 种工作方式（方式 0～3），属于增计数器。

特殊功能寄存器 TMOD 用于选择 T0、T1 的工作模式和工作方式。特殊功能寄存器 TCON 用于控制 T0、T1 的启动和停止计数，同时包含了 T0、T1 的状态。T0、T1 不论是工作在定时器模式还是计数器模式，实质都是对脉冲信号进行计数。

2. 定时/计数器的控制寄存器（TCON）

TCON 的复位值：0x00，地址：88H（可被 8 整除，可以进行按位寻址），格式如图 3.30 所示。

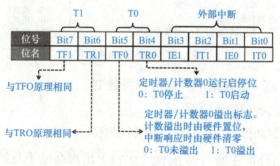

图 3.30 TCON 格式

设置举例：TR0=1；T0 计数；
　　　　　TR0=0；停止 T0 计数。

上一个情境中介绍了与外部中断有关的低 4 位。这里仅介绍与定时器相关的高 4 位功能。

（1）TF1、TF0——T0 和 T1 的计数溢出标志位。

当计数器计数溢出时，该位置"1"。使用查询方式时，此位作为状态位供 CPU 查询，但应注意查询有效后，应使用软件及时将该位清"0"。使用中断方式时，此位作为中断请求标志位，进入中断服务程序后由硬件自动清"0"。

（2）TR1、TR0——计数运行控制位。

TR0（TR1）= 0 定时器/计数器 0（1）停止工作；

TR0（TR1）= 1 定时器/计数器 0（1）开始工作。

该位可由软件置"1"或清"0"。

提示： 对定时/计数器 T0、T1 的中断，CPU 响应中断后，硬件自动清除中断请求标志 TF0 和 TF1。如果编程中不使用中断服务程序，也可在主程序中利用查询中断请求标志 TF0 和 TF1 的状态，完成相应的中断功能。

3. 定时/计数器的方式控制寄存器（TMOD）

AT89S51 定时器的工作方式寄存器 TMOD 用于选择工作模式和工作方式，字节地址为 89H（不能被 8 整除，也即不能被位寻址），复位值：0x00。其格式如图 3.31 所示。

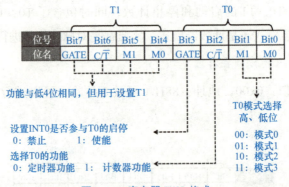

图 3.31 寄存器 TMOD 格式

8 位分为两组，高 4 位控制 T1，低 4 位控制 T0。

下面对 TMOD 的各位给出说明。

GATE——定时器动作开关控制位，也称门控位。

GATE=1 时，当外部中断引脚 $\overline{INT0}$（$\overline{INT1}$）出现高电平且控制寄存器 TCON 中 TR0（TR1）控制位为 1 时，才启动定时器 T0（T1）。

GATE=0 时，只要控制寄存器 TCON 中 TR0（TR1）控制位为 1，便启动定时器 T0（T1）。

M1、M0——工作方式选择位。

M1、M0 的 4 种编码，对应于 4 种工作方式的选择，见表 3.23。

表 3.23 M1、MD 编码对应的工作方式

M1	M0	工作方式	功能说明
0	0	方式 0	13 位定时/计数器，TLx 只用低 5 位
0	1	方式 1	16 位定时/计数器（常用）
1	0	方式 2	自动重装初值的 8 位定时/计数器，THx 的值保持不变，TLx 溢出时，THx 的值自动装入 TLx 中（常用）
1	1	方式 3	仅适用 T0，T0 分成 2 个独立的 8 位计数器，T1 停止计数

提示： TMOD 不能位寻址，只能是整个字节进行设置，如程序中 TMOD=0X01; 语句就是对 TMOD 进行整体设置。CPU 复位时 TMOD 所有位清 0。

C/T* 为计数器模式和定时器模式选择位。

C/T*=0，为定时器工作模式，对单片机的晶体振荡器 12 分频后的脉冲进行计数。

C/T*=1，为计数器工作模式，计数器对外部输入引脚 T0（P3.4）或 T1（P3.5）的外部脉冲（负跳变）计数。

4. 定时/计数器的工作方式

4 种工作方式分别介绍如下。

（1）工作方式 0。当 M1M0=00 时，定时/计数器工作于模式 0，使用 TLx 的低 5 位和 THx 构成 13 位的加法计数器（图 3.32）。

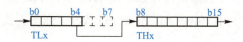

图 3.32 13 位加法计数器

这时定时/计数器的等效逻辑结构框图如图 3.33 所示（以定时/计数器 T1 为例，TMOD.5、TMOD.4=00）。

13 位加法计数器，最大计数值为：0x1FFF（2^13=8192）。由寄存器 THx 的 8 位和 TLx 的低 5 位构成，TLx 高 3 位未用。TLx 低 5 位溢出则向 THx 进位，THx 计数溢出则把 TCON 中的溢出标志位 TFx 置"1"。

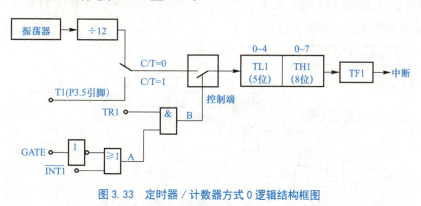

图 3.33 定时器/计数器方式 0 逻辑结构框图

在定时工作方式时，定时时间为

$$T_{定}=(2^{13}-初值)\times 机器周期\ T_m$$

在 C51 程序设计中，其初始值设置命令为

THx=$(2^{13}-T\times fosc/12)/32=(8\ 192-T\times fosc/12)/32$；

TLx=$(2^{13}-T\times fosc/12)\%32=(8\ 192-T\times fosc/12)\%32$；

图中，C/T* 位控制的电子开关决定了定时器/计数器的两种工作模式。

1）C/T*=0，电子开关打在上面位置，T1（或 T0）为定时器工作模式，把时钟振荡器 12 分频后的脉冲作为计数信号。

2）C/T*=1，电子开关打在下面位置，T1（或 T0）为计数器工作模式，计数脉冲为 P3.4（或 P3.5）引脚上的外部输入脉冲，当引脚上发生负跳变时，计数器加 1。

GATE 位状态决定定时器的运行控制取决于 TRx 一个条件，还是取决于 TRx 和 INTX*（x=0，1）引脚状态这两个条件。

1）GATE=0 时，A 点（图 3.33）电位恒为 1，B 点电位仅取决于 TRx 状态。TRx=1，B 点为高电平，控制端控制电子开关闭合，允许 T1（或 T0）对脉冲计数。TRx=0，B 点为低电平，电子开关断开，禁止 T1（或 T0）计数。

2）GATE=1 时，B 点电位由 INTX*（x=0，1）的输入电平和 TRx 的状态两个条件来定。当 TRx=1，且 INTX*=1 时，B 点才为 1，控制端控制电子开关闭合，允许 T1（或 T0）计数。故这种情况下计数器是否计数是由 TRx 和 INTX* 两个条件来共同控制。

（2）工作方式 1。当 M1M0=01 时，定时/计数器工作于方式 1，使用 TLx 和 THx 构成 16 位的加法计数器（图 3.34）。

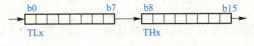

图 3.34　16 位加法计数器

16 位加法计数器，最大计数值为 0xFFFF（2^16=65536）。寄存器 THx 和 TLx 以全 16 位参与操作，当要定时任意时间时，采用预置数的方法，THx 赋高 8 位，TLx 赋低 8 位。当计数到达 0xFFFF 时，在下一个脉冲下降沿时刻清零，并置位 TFx。

等效电路逻辑结构如图 3.35 所示。

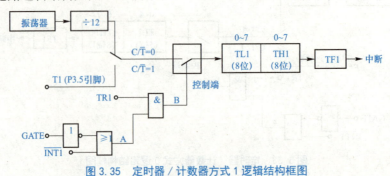

图 3.35　定时器/计数器方式 1 逻辑结构框图

方式 1 和方式 0 的差别仅仅在于计数器的位数不同，方式 1 为 16 位计数器，由 THx 高 8 位和 TLx 低 8 位构成（x=0，1），方式 0 则为 13 位计数器，有关控制状态位的含义（GATE、C/T*、TFx、TRx）与方式 0 相同。

在定时工作方式时，定时时间为

$$T_{定}=（2^{16}-初值）\times 机器周期\ T_{\mathrm{m}}$$

在 C51 程序设计时，一般将装入初值以表达式形式赋值，这样在编译程序时会自动将计算结果换算成对应的数值赋值给 THx 和 TLx，其初始值设置命令为

$$THx-（2^{16}-T\times fosc/12）/256=（65\ 536-T\times fosc/12）/256;$$
$$TLx-（2^{16}-T\times fosc/12）\%256=（65\ 536-T\times fosc/12）\%256;$$

（3）工作方式 2。方式 0 和方式 1 的最大特点是计数溢出后，计数器为全 0。因此在循环定时或循环计数应用时就存在用指令反复装入计数初值的问题。这不仅影响定时精度，也给程序设计带来麻烦。方式 2 就是为解决此问题而设置的。

当 M1M0=10 时，定时/计数器工作于模式 2，使用 TLx 和 THx 构成 8 位的自动重装载加法计数器（图 3.36）。

图 3.36　8 位自动重装载加法计数器

这时定时器/计数器的等效逻辑结构如图 3.37 所示（以定时器 T1 为例，x=1）。

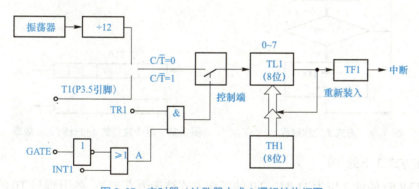

图 3.37　定时器/计数器方式 2 逻辑结构框图

定时器/计数器的方式 2 为自动恢复初值（初值自动装入）的 8 位定时器/计数器，最大计数值为 2⁸=256。TLx 用作 8 位计数器，THx 用作保存计数初值。在初始化编程时，TLx 和 THx 由指令赋予相同的初值，一旦 TLx 计数溢出，则将 TFx 置"1"，同时将保存在 THx 中的计数初值自动重装入 TLx，继续计数，THx 中的内容保持不变，即 TLx 是一个自动恢复初值的 8 位计数器。

定时器 / 计数器的方式 2 工作过程如图 3.38 所示。此工作方式可省去用户软件中重装初值的指令的执行时间,简化定时初值的计算方法,可相当精确地确定定时时间。

在定时工作方式时,定时时间为

$$T_{定}=(2^8-初值)\times 机器周期\ T_m$$

在 C51 程序设计中,其初始值设置命令为

THx=256–$T\times fosc/12$;

TLx=256–$T\times fosc/12$;

(4)工作方式 3。方式 3 是为了增加一个附加的 8 位定时器 / 计数器而设置的,从而使 AT89S51 单片机具有 3 个定时器 / 计数器。方式 3 只适用定时器 / 计数器 T0,定时器 / 计数器 T1 不能工作在方式 3。T1 处于方式 3 时相当于 TR1=0,停止计数(此时 T1 可用来作为串行口波特率产生器)。

该模式下定时 / 计数器 T0 被分成两个独立的 8 位定时 / 计数器 TL0 和 TH0(图 3.39)。其中,TL0 既可作为定时器,又可作为计数器使用,而 TH0 被固定为一个 8 位定时器 (不能用作外部计数模式)。T0 被分成两个来用,那就要两套控制及溢出标记:TL0 还是用原来的 T0 的标记,而 TH0 使用定时器 T1 的状态控制位 TR1 和 TF1。TL0 定时工作方式时,定时时间为

$$T_{定}=(2^8-初值)\times 机器周期\ T_m$$

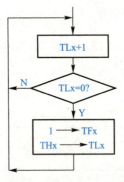

图 3.38　方式 2 工作过程

图 3.39　两个独立的 8 位计时 / 计数器

工作方式 3 下的 T0

当 TMOD 的低 2 位为 11 时,T0 的工作方式被选为方式 3,各引脚与 T0 的逻辑关系如图 3.40 所示。

T0 分为两个独立的 8 位计数器 TL0 和 TH0,TL0 使用 T0 的状态控制位 C/T*、GATE、TR0,而 TH0 被固定为一个 8 位定时器(不能作为外部计数模式),并使用 T1 的状态控制位 TR1 和 TF1,同时占用 T1 的中断请求源 TF1。

1)T1 工作在方式 0。T1 的控制字中 M1、M0=00 时,T1 工作在方式 0,工作示意如图 3.41 所示。

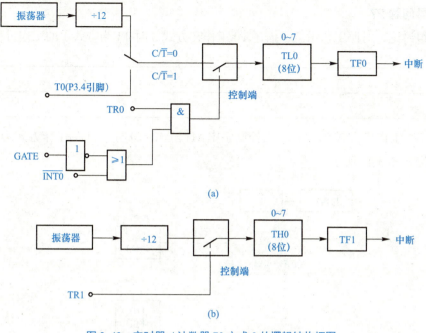

图 3.40 定时器/计数器 T0 方式 3 的逻辑结构框图
（a）低8位逻辑结构框图； （b）高8位逻辑结构框图

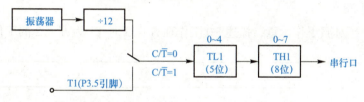

图 3.41 T0 工作在方式 3 时 T1 为方式 0 的工作示意

引导问题 26

小组讨论，对照工作示意，描述定时器 T0 工作在方式 3 时 T1 工作在方式 0 的工作过程。

_____

_____

2）T1 工作在方式 1。当 T1 的控制字中 M1、M0=01 时，T1 工作在方式 1，工作示意如图 3.42 所示。

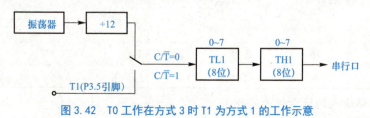

图 3.42 T0 工作在方式 3 时 T1 为方式 1 的工作示意

学习情境三 交通灯控制系统的制作 ■ 173

引导问题 27

小组讨论，对照工作示意，描述 T0 工作在方式 3 时 T1 为方式 1 的工作过程。

3）T1 工作在方式 2。当 T1 的控制字中 M1、M0=10 时，T1 的工作方式为方式 2，工作示意如图 3.43 所示。

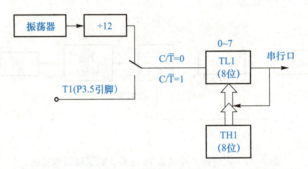

图 3.43　T0 工作在方式 3 时 T1 为方式 2 的工作示意

引导问题 28

小组讨论，对照工作示意，描述 T0 工作在方式 3 时 T1 为方式 2 的工作过程。

4）T1 设置在方式 3。当 T0 设置在方式 3 时，再把 T1 也设置成方式 3，此时 T1 停止计数。

5. 不同工作方式的定时初值或计数初值的计算方法

不同工作方式的定时初值或计数初值的计算方法见表 3.24。装载计数初值时：

$$THx=X/256，TLx=X\%256（X = 0、1）$$

表 3.24　不同工作方式的定时初值或计数初值

工作方式	计数位数	最大计数值	最大定时时间	定时初值计算公式	计数初值计算公式
方式 0	13	$2^{13}=8\,192$	$2^{13}=T_{机}$	$X-2^{13}-T/T_{机}$	$X-2^{13}-$ 计数值
方式 1	16	$2^{16}=8\,192$	$2^{16}=T_{机}$	$X-2^{16}-T/T_{机}$	$X-2^{16}-$ 计数值
方式 2	8	$2^{8}=8\,192$	$2^{8}=T_{机}$	$X-2^{8}-T/T_{机}$	$X-2^{8}-$ 计数值

6. 对外部输入的计数信号的要求

当定时器/计数器工作在计数器模式时，计数脉冲来自外部输入引脚 T0 或 T1。当输入信号产生由 1 至 0 的跳变（负跳变）时，计数器值增 1。每个机器周期的 S5P2 期间，都对外部输入引脚 T0 或 T1 进行采样。如在第一个机器周期中采得的值为 1，而在下一个机器周期中采得的值为 0，则在紧跟着的再下一个机器周期 S3P1 期间，计数器加 1。

由于确认一次负跳变花 2 个机器周期，即 24 个振荡周期，因此外部输入的计数脉冲的最高频率为系统振荡器频率的 1/24（图 3.44）。

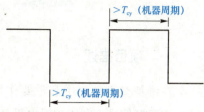

图 3.44　对外部计数输入信号的要求

五、项目小结

1. 在本项目中，你主要学习了哪些知识，完成了哪些任务？

_____
_____
_____

2. 哪些知识或者任务对你来说难度较大？有什么收获？

_____
_____
_____

3. 单片机定时器/计数器程序编写中，你认为有哪些要点？

_____
_____
_____

项目三 交通灯控制系统的制作

一、项目描述

在维持交通秩序中起重要作用的是交通信号灯（图 3.45）。本项目要求使用 LED 模拟交通灯信号，利用逻辑电平开关控制，设计交通灯控制系统（图 3.46）。

本项目包含 3 个任务，逐级递进。任务 1 要求模拟交通信号灯的定时控制，以绿、黄、红色 3 只共两组发光二极管（LED）代表交通信号灯，实现交通信号灯的定时控制。交通信号灯基本变化规律：放行线：绿灯亮放行 25 s，黄灯亮警告 5 s，然后红灯亮禁止。禁行线：红灯亮禁止 30 s，然后绿灯亮放行。任务 2 要求设计有紧急情况的交通信号灯控制系统。模拟交通信号灯定时控制的基础上，如果有紧急车辆通过时，A 线、B 线两个路口均为禁行状态（红灯亮），优先让紧急车辆通过，假定车通过时间为 10 s。之后，交通灯恢复先前状态。任务 3 是复杂交通灯控制系统设计，为挑战任务。

图 3.45 交通灯实物

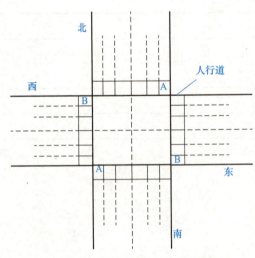

图 3.46 交通灯控制系统示意

二、项目分析

（1）建立交通灯控制状态表，列出任务描述的所有控制状态时交通灯的控制编码。
（2）完成交通灯控制系统硬件电路设计、软件程序设计、仿真与调试。

设外部中断，作为紧急车辆通行和有车车道放行的中断请求来源，并编写相应中断服务程序。

学习路线如图 3.47 所示。

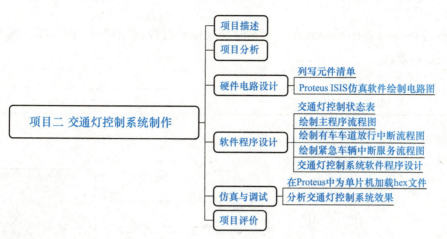

图 3.47　交通灯控制系统制作学习路线

三、项目实现

1. 知识准备（资讯、收集信息）

任务 1　模拟交通信号灯的定时控制

（1）交通灯控制系统硬件电路设计。

1）选择硬件清单。

引导问题 1

根据任务要求，小组分析讨论，按元件清单添加所需元件，见表 3.25。

表 3.25　交通灯控制系统电路元件清单

元件关键字	元件名称
AT89C51	单片机
CRYSTAL	晶振
BUTTON	按钮
LED-RED	红色发光二极管
LED-GREEN	绿色发光二极管
LED-YELLOW	黄色发光二极管
CERAMIC33P	33 pF 电容
MINELECT22U16V	22 μF 电解电容
MINRES10K\MINRES330R	电阻（10 kΩ、330 Ω）
MINRES2K	电阻 2 kΩ
XOR	异或门电路
NOT	非门电路

2）交通灯控制系统电路图设计。

引导问题 2

使用 Proteus ISIS 仿真软件绘制定时交通信号灯控制原理图（图 3.48、图 3.49），并写出绘制要点。

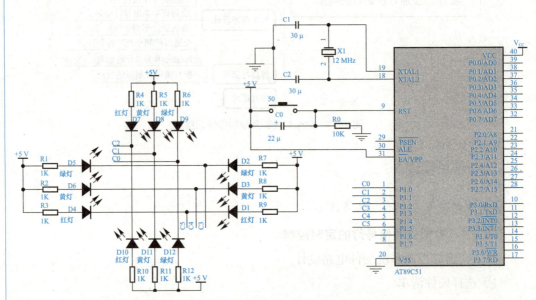

图 3.48　模拟交通信号灯定时控制系统硬件电路图

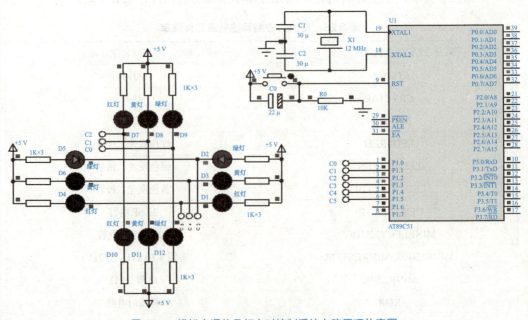

图 3.49　模拟交通信号灯定时控制系统电路原理仿真图

（2）交通灯控制系统软件程序设计。

1）交通灯控制状态表。在交通正常和高峰期间，A、B两车道的6只信号灯（A道红、黄、绿灯和B道红、黄、绿灯）共四种状态。

引导问题3

小组讨论分析不同状态下的端口分配表和控制字，见表3.26。

表3.26 交通信号灯定时控制端口分配、控制码及控制状态

P1.7	P1.6	P1.5	P1.4	P1.3	P1.2	P1.1	P1.0	控制字	状态说明
（空）	（空）	B线绿灯	B线黄灯	B线红灯	A线绿灯	A线黄灯	A线红灯		
0	0	1	1	0	0	1	1	33H	A线放行，B线禁行
0	0	1	1	0	1	0	1	35H	A线警告，B线禁行
0	0	0	1	1	1	1	0	1EH	A线禁行，B线放行
0	0	1	0	1	1	1	0	2EH	A线禁行，B线警告

2）交通灯控制系统程序流程。在正常状态下，依次顺序循环主程序中的指令，主程序包括交通灯的5种控制状态。

引导问题4

小组讨论，在线框内画出程序设计的流程。

主程序　　　　　　　　　　　　　　　　　子程序

参考流程如图 3.50 所示。

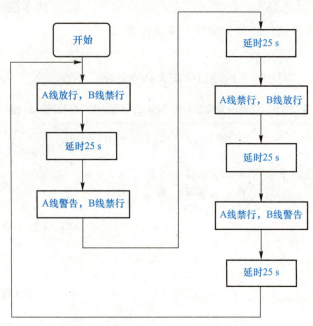

图 3.50　模拟交通信号灯定时控制流程

3）编写交通灯控制系统软件程序。

引导问题 5

根据任务要求，在程序软件中编写程序代码。

（3）交通灯控制系统仿真与调试。

1）将编译后的单片机程序（*.hex）加载到 Proteus 的单片机。

2）单击 Proteus 软件右下角的仿真启动按钮，观看仿真运行效果。

3）观察交通灯能否按规则正常运行，在 Proteus 下方观察系统运行时间。

任务 2　有紧急情况的交通信号灯控制系统

要求：模拟交通信号灯定时在控制的基础上，如果有紧急车辆通过时，A 线、B 线两个路口均为禁行状态（红灯亮），优先让紧急车辆通过，假定车通过时间为 10 s。之后，交通灯恢复先前状态。

（1）交通灯控制系统硬件电路设计。

1）选择硬件清单。

引导问题 6

根据任务要求，小组分析讨论，按元件清单添加所需元件，见表 3.27。

表 3.27　交通灯控制系统电路元件清单

元件关键字	元件名称

2）交通灯控制系统电路图设计。

引导问题 7

使用 Proteus ISIS 仿真软件绘制定时交通信号灯控制原理及其仿真效果（图 3.51 和图 3.52），并写出绘制要点。

_____

_____

_____

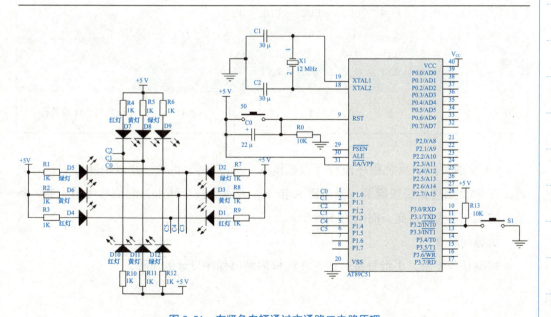

图 3.51　有紧急车辆通过交通路口电路原理

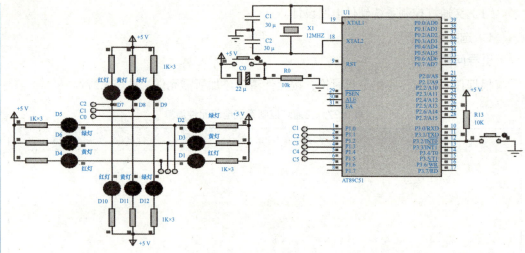

图 3.52　紧急车辆通过交通路口电路原理仿真效果

（2）交通灯控制系统软件程序设计。

1）交通灯控制状态表。以按键 K 代表急救车到来，并以中断方式进行处理。在 P3.2 引脚连接按键 K，当按键 K 按下，表示急救车到来，此信号申请中断，各路口的状态均为红灯亮，时间为 10 s。根据 P1 端口各位状态，控制字为 36H，见表 3.28。

引导问题 8

小组讨论分析不同状态下的端口分配表和控制字，见表 3.28。

表 3.28　交通信号灯定时控制端口分配、控制码及控制状态

P1.7	P1.6	P1.5	P1.4	P1.3	P1.2	P1.1	P1.0	控制字	状态说明
（空）	（空）	B线绿灯	B线黄灯	B线红灯	A线绿灯	A线黄灯	A线红灯		
0	0	1	1	0	1	1	0	36H	A线放行，B线禁行

2）交通灯控制系统程序流程。以按键 K 代表急救车到来，并以中断方式进行处理。在 P3.2 引脚连接按键 K，当按键 K 按下，表示急救车到来，此信号申请中断，各路口的状态均为红灯亮，时间为 10 s。

引导问题 9

根据任务要求，小组分析讨论，在线框内画出程序设计的流程。

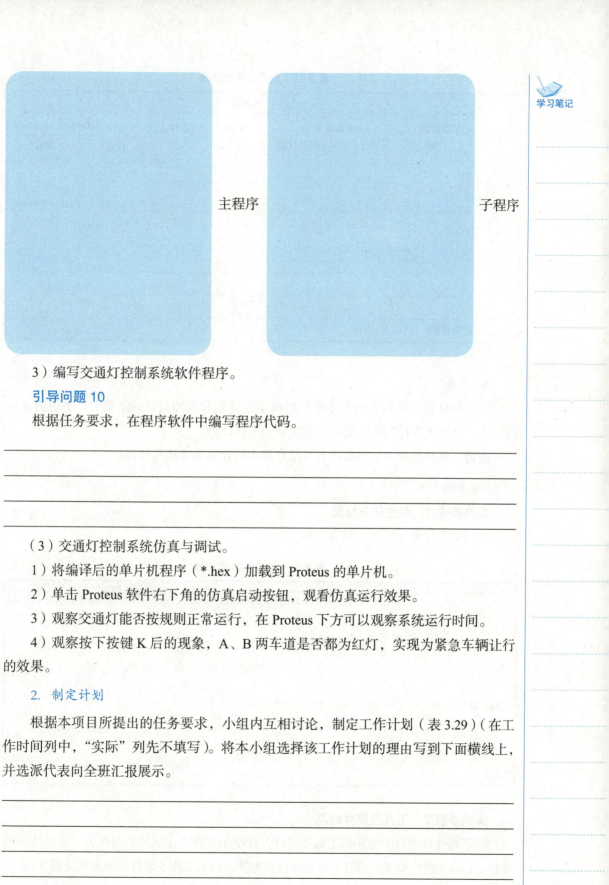

主程序　　　　　　　　　　子程序

3）编写交通灯控制系统软件程序。

引导问题 10

根据任务要求，在程序软件中编写程序代码。

_____

_____

_____

（3）交通灯控制系统仿真与调试。

1）将编译后的单片机程序（*.hex）加载到 Proteus 的单片机。

2）单击 Proteus 软件右下角的仿真启动按钮，观看仿真运行效果。

3）观察交通灯能否按规则正常运行，在 Proteus 下方可以观察系统运行时间。

4）观察按下按键 K 后的现象，A、B 两车道是否都为红灯，实现为紧急车辆让行的效果。

2. 制定计划

根据本项目所提出的任务要求，小组内互相讨论，制定工作计划（表 3.29）（在工作时间列中，"实际"列先不填写）。将本小组选择该工作计划的理由写到下面横线上，并选派代表向全班汇报展示。

_____

_____

_____

学习笔记

表 3.29 制定工作计划表

工作计划制定						
序号	工作阶段/步骤	准备清单 元器件/工具/辅助材料	工作安全	工作人员	工作时间	
					计划	实际
1						
2						
3						
4						
5						
6						
工作环境保护						

日期：　　　　　　　　　　　教师：　　　　　　　　　　　　　　　学生：

3. 决策

在充分分析并吸取其他各小组汇报的工作计划及教师点评的基础上，小组内部进行讨论，对原工作计划修改完善，制定新的工作计划。

注意：使用一种不同颜色的书写笔在原工作计划表上进行修改。

4. 实施

实施步骤 1　学生任务分配

填写学生任务分配表，见表 3.30。

表 3.30 学生任务分配表

班级		组号		指导教师	
组长		组员			
组员及分工	姓名			任务	

实施步骤 2　工具及器件检测

请正确选择项目中使用的工具和器件，在使用过程中注意维护与保养。工具使用前要对工具状态进行检查，若有损坏及时进行更换。填写工作及器件检测表，见表 3.31。

表 3.31　工具及器件检测表

序号	名称	工具状态是否良好	损坏情况（没有损坏则不填写）
1	单片机开发板	是○否○	
2	计算机	是○否○	
3	杜邦线	是○否○	
4	USB 连接线	是○否○	
5	Keil C51	是○否○	
6	STC-ISP	是○否○	
7	数码管（开发板上）	是○否○	
8	USB 驱动	是○否○	
9	独立式键盘	是○否○	

实施步骤 3　实现关键代码的编写

在线框内画出程序设计的流程图，并实现关键代码的编写。

实施步骤 4　软硬件联调

完成硬件连接、程序编写、软硬件互连、通电、按键控制点亮等各项具体的功能要求，填写完成项目任务单（表 3.32），并填写工作计划制定表（表 3.29）中的实际时间栏。

学习笔记

表 3.32　项目任务单

序号	产品（任务）名称	完成情况	完成时间	责任人
1				
2				
3				
4				
5				
6				
7				

5. 检查

对照项目需求，明确检测要素，组内检测分工，仔细检查该项目的完成度，并填写表 3.33。若实施过程中出现故障，填写故障排查表（表 3.34）。

表 3.33　检测表

序号	检测要素	检测人员	完成度	备注
1				
2				
3				
4				

表 3.34　故障排查记录表

序号	故障现象	排查过程	解决方法
1			
2			
3			
4			

6. 评估

项目完成后，综合个人以及小组和班级其他同学在项目完成过程中的表现，对自己做出客观评价，明确学习的重点和后期的改进方向，并认真填写表 3.35。

表 3.35 综合评价

评价指标	评价内容	评价（百分制）
信息检索	能根据工作需要有效利用网络、图书资源、工作手册查找有用的相关信息	
仪态表达	表述仪态自然、吐字清晰；表达思路清晰、层次分明、准确	
团队精神	积极主动参与工作，与教师、同学之间相互尊重、理解、平等，保持多向、丰富、适宜的信息交流；能提出有意义的问题或能发表个人见解；能够倾听别人意见、协作共享	
学习方法	学习方法得体，有工作计划；探究式学习、自主学习不流于形式，处理好合作学习和独立思考的关系，做到有效学习	
工作过程	遵守管理规程，操作过程符合现场管理要求；善于多角度分析问题，能主动发现、提出有价值的问题；能够正确完成工作任务	
工匠精神	硬件连接稳定、可靠、美观；代码编写规范、严谨，有必要的注释	

学习笔记

四、进阶与挑战

挑　战

任务 3　复杂交通灯控制系统的设计

要求：

（1）A 车道与 B 车道交叉组成十字路口，A 是主道，B 是支道，正常情况下，A、B 两车道轮流放行。

（2）A 车道放行 26 s，绿灯常亮 20 s，绿灯闪烁 3 s，黄灯常亮 3 s。

（3）B 车道放行 16 s，绿灯常亮 10 s，绿灯闪烁 3 s，黄灯常亮 3 s。

（4）交通高峰期间，交通灯控制系统可使用手控开关人工改变信号灯的状态。

（5）交通高峰期间，当 B 车道放行时，若 A 车道有车而 B 车道无车，按下手控开关可使 A 车道放行 15 s。

（6）交通高峰期间，当 A 车道放行时，若 B 车道有车而 A 车道无车，按下手控开关可使 B 车道放行 15 s。

（7）有紧急车辆通过时，按下开关可使 A 车道和 B 车道均为红灯，禁行 15 s。

分析：

（1）建立交通灯控制状态表，列出任务描述的所有控制状态时交通灯的控制编码。

（2）编制一个 0.5 s 的延时子程序，若某交通灯需要点亮 10 s 时，就调用 20 次 0.5 s 的延时子程序；若某交通灯闪烁 3 s，则调用这个延时子程序 6 次，并且每次调用

时,把连接这个交通灯的引脚取反一次,来实现闪烁功能。

(3) 设置两个外部中断,作为紧急车辆通行和有车车道放行的中断请求来源,并编写相应中断服务程序。

引导问题 11

小组讨论,将核心代码填到下边横线上,并合作完成硬件连接、编写代码、调试程序、下载、运行、观察结果。

五、项目小结

1. 在本项目中,你主要学习了哪些知识,完成了哪些任务?

2. 哪些知识或者任务对你来说难度较大?有什么收获?

3. 在交通灯控制系统设计中,你认为有哪些要点?

学习情境四　单片机按键控制系统

一、情境描述

按键是单片机系统中重要的输入设备，按照结构可分为两类。一类是触点式开关按键，如机械式开关、导电橡胶式开关；另一类是无触点式开关按键，如电气式按键、磁感应按键等。前者造价低，后者寿命长。目前，微机系统中最常见的是触点式开关按键。

在单片机应用系统中，除了复位按键有专门的复位电路及专一的复位功能外，其他按键都是以开关状态来设置控制功能或输入数据的。当所设置的功能键或数字键按下时，计算机应用系统应完成该按键所设定的功能。

在该学习情境中，主要研究单片机系统的按键控制机制，掌握如何使用按键完成各种信息的输入，帮助加深对单片机控制系统中输入机制的理解。大部分项目和任务案例均提炼自真实工程情境，稍加修改就可以应用于真实的工作环境中，有很好的借鉴意义（图4.1）。

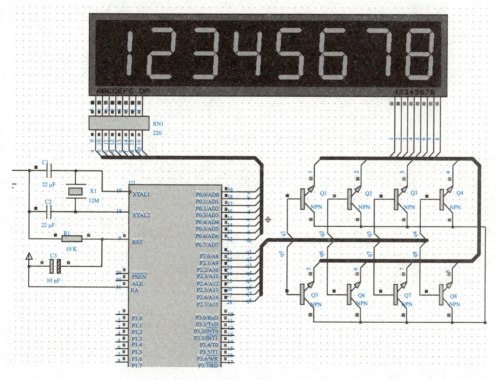

图 4.1　单片机控键控制系统

学习笔记

二、目标要求

知识目标
※ 掌握独立式按键和非独立式按键的特点及工作原理；
※ 掌握单片机按键控制的基本方式；
※ 掌握按键控制单片机操作开发的工作过程。

技能目标
※ 能够阅读和绘制单片机按键控制系统的基本电路图；
※ 能够针对按键和单片机开发板实现硬件的连接；
※ 能够使用 Keil 开发工具进行软件的编程和调试；
※ 能够分析程序设计流程，对系统进行联调。

素养目标
※ 能够在团队合作中准确地表达自己，认真听取其他成员建议，进行顺畅的交流；
※ 能够针对任务要求，提出自己的改进方法，进行一定的创新设计；
※ 能够对硬件电路设计和编写的程序进行持续的改进，具备精益求精的工匠精神。

项目一　按键控制 LED 灯的多样闪烁

学习笔记

一、项目描述

单片机与 4 个独立按键 k1～k4 联合控制 8 个 LED 指示灯实现多样的闪烁效果。按下 k1 键，P3 口 8 个 LED 正向（由上至下）流水点亮；按下 k2 键，P3 口 8 个 LED 反向（由下而上）流水点亮；按下 k3 键，高、低 4 个 LED 交替点亮；按下 k4 键，P3 口 8 个 LED 闪烁点亮。图 4.2 所示为按键控制 LED 灯的多样闪烁效果。

图 4.2　按键控制 LED 灯的多样闪烁

效果演示

二、项目分析

这是一个比较复杂的单片机控制系统，包含了输入设备（按键）、输出设备（LED 灯）、单片机（运算器、控制器、存储器），实际上已经是一个完整的计算机系统。要完成该任务，需要综合多方面的考虑和设计。主要内容如下：

（1）硬件连接：4 个独立按键接在 P1.0～P1.3 引脚，P3 口接 8 个 LED 指示灯。

（2）处理逻辑：首先判断是否有按键按下。将接有 4 个按键的 P1 口低 4 位（P1.0～P1.3）写入 "1"，使 P1 口低 4 位为输入状态。然后读入低 4 位的电平，只要有一位不为 "1"，则说明有键按下。

学习笔记

（3）按键去抖：当判别有键按下时，调用软件延时子程序，延时约10 ms后再进行判别，若按键确实按下，则执行相应的按键功能，否则重新开始进行扫描。

（4）获得键值：确认有键按下时，可采用扫描方法来判断哪个键按下，并获取键值。

（5）函数实现：编写4个函数，分别实现4种不同的LED显示形式。

（6）分支控制：使用switch case语句实现按键的分支控制，每个分支调用一个函数。

学习路线如图4.3所示。

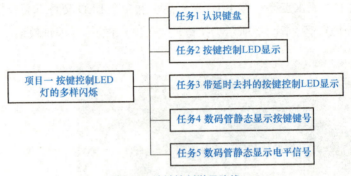

图4.3　按键控制学习路线

三、项目实现

1. 知识准备（资讯、收集信息）

任务1　认识键盘

键盘主要分为两类：非编码键盘和编码键盘。

非编码键盘：按键直接与单片机相连接，常用在按键数量较少的场合。系统功能比较简单，需要处理的任务较少，成本低、电路设计简单。按下键号的信息通过软件来获取。

非编码键盘包括独立式键盘和矩阵式键盘两种结构。

独立式键盘的各键相互独立，每个按键各接一条I/O口线，通过检测I/O输入线的电平状态，判断哪个按键被按下。

如图4.4所示，8个按键k1～k8分别接到单片机的P1.0～P1.7引脚，上拉电阻保证按键未按下时，对应I/O口线为稳定高电平。当某一按键按下时，对应I/O口线就变成低电平，与其他按键相连的I/O口线仍为高电平。因此，只需读入I/O口线状态，判别是否为低电平，就很容易识别出哪个键被按下。独立式键盘电路简单，各条检测线独立，识别按键号的软件编写简单，适于按键数目较少场合。

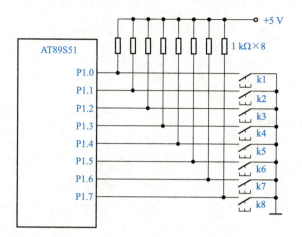

图 4.4 独立式键盘

引导问题 1
独立式键盘的特点是什么？

引导问题 2
怎样识别某个按键被按下？

任务 2　按键控制 LED 显示

要求：当按下按键时，对应的 LED 灯亮，松开按键，对应的 LED 灯灭。

分析：要实现用按键控制 LED 的显示，首先要使单片机读入按键的状态，再根据按键的状态去控制 LED 的显示。每当按下按键时，单片机引脚 P3.3 为低电平，程序运行时要判断 P3.3 引脚是否为低电平，若为低电平，表示按键已按下。按键每按下一次，P1 口输出数据变化一次，P1 口输出不同的数据使不同的 LED 灯被点亮。根据上述分析，程序代码编写如下：

```
#include<reg52.h>
sbit KEY=P3^3;
sbit LED=P1^2;
int main()
```

学习情境四　单片机按键控制系统　193

```
{
    KEY=1;
    while(1)
    {
        if(!KEY)
            LED=0;
        else
            LED=1;
    }
}
```

引导问题 3

完成硬件连接操作,动手输入并调试上述程序,描述显示效果。

_____

_____

_____

_____

引导问题 4

对程序进行修改,将 if 所涉及的四行语句简化为一行,并实现同样的功能,将修改后的主要代码写到下面。

_____

_____

_____

_____

任务 3 带延时去抖的按键控制 LED 显示

要求: 采用延时去抖的方法,实现按键开关状态的可靠输入,当按下按键并松开,对应的 LED 灯亮,再次按下按键并松开,对应的 LED 灯灭。

分析: 按键是一种开关结构,由于机械触点的弹性及电压突跳等原因,在闭合及断开的瞬间,均存在电压抖动过程。抖动时间的长短与开关的机械特性有关,一般为 5～10 ms。为保证按键识别的准确,需进行去抖动处理。

去抖动有硬件和软件两种方法。硬件方法就是加去抖动电路,从根本上避免电压抖动的产生。而软件方法则采用时间延迟，躲过抖动，待电压稳定之后，再进行状态的输入。在单片机系统中，为简单起见多采用软件方法。延迟时间为 10～20 ms 即可。

引导问题 5

根据任务要求，仔细阅读图 4.5 所示的程序流程，并补齐（1）和（2）。

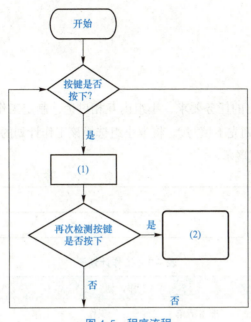

图 4.5　程序流程

引导问题 6

根据任务要求，填写下面程序代码中的空缺处。

```
#include<reg52.h>
sbit KEY=P3^3;//定义按键输入端口
sbit LED=P1^2;//定义led输出端口
Delay10Ms();
Void main()
{
KEY=1;//_____
While(1)
{
if(!KEY)//_____
{
Delay10Ms();
```

学习笔记

```
if(!KEY)
{
While(!KEY);
    _____;
}
}
}
}
```

2. 制定计划

根据本项目所提出的任务要求，小组内互相讨论，制定工作计划（表 4.1）（在工作时间列中，"实际"列先不填写）。将本小组选择该工作计划的理由写到下面横线上，并选派代表向全班汇报展示。

_____

_____

_____

表 4.1　工作计划表

工作计划						
序号	工作阶段/步骤	准备清单 元器件/工具/辅助材料	工作安全	工作人员	工作时间 计划	工作时间 实际
1						
2						
3						
4						
5						
6						
工作环境保护						

日期：　　　　　　　　　　　教师：　　　　　　　　　　　学生：

3. 决策

在充分分析并吸取其他各小组汇报的工作计划及教师点评的基础上，小组内部进行讨论，对原工作计划修改完善，制定新的工作计划。

注意：使用一种不同颜色的书写笔在原工作计划表上进行修改。

4. 实施

实施步骤 1　学生任务分配

填写学生任务分配表，见表 4.2。

表 4.2　学生任务分配表

班级		组号		指导教师	
组长		组员			
组员及分工	姓名		任务		

实施步骤 2　工具及器件检测

请正确选择项目中使用的工具和器件，在使用过程中注意维护与保养。工具使用前要对工具状态进行检查，若有损坏及时进行更换。填写工具及器件检测表，见表 4.3。

表 4.3　工具及器件检测表

序号	名称	工具状态是否良好	损坏情况（没有损坏则不填写）
1	单片机开发板	是 ○ 否 ○	
2	计算机	是 ○ 否 ○	
3	杜邦线	是 ○ 否 ○	
4	USB 连接线	是 ○ 否 ○	
5	Keil C51	是 ○ 否 ○	
6	STC-ISP	是 ○ 否 ○	
7	LED 灯（开发板上）	是 ○ 否 ○	
8	USB 驱动	是 ○ 否 ○	
9	独立式键盘	是 ○ 否 ○	

实施步骤 3　实现关键代码的编写

（1）将共阳极数码管用于显示 0～9 的十六进制编码存入数组，见表 4.4。

表 4.4 填写十六进制编码

显示数字	0	1	2	3	4	5	6	7	8	9
十六进制编码										

（2）在划横线部分填写合适的代码，使程序能完成项目一要求的功能。

```
#include<reg52.h>
void Delay1S();
unsigned char code table[10]={_____};
int main()
{
unsigned char i;
int j;
while(1)
{
for(i=0;i<10,i++)
{
_____;
void Delay1S(60000);
}
}
}
void Delay1S(int a)//
{
While(_____);
}
```

实施步骤 4　点亮数码管

完成硬件连接、程序编写、软硬件互连、通电、点亮等各项具体的功能要求，填写完成项目任务单（表 4.5），并填写工作计划表（表 4.1）中的实际时间栏。

表 4.5 项目任务单

序号	产品（任务）名称	完成情况	完成时间	责任人
1				
2				

续表

学习笔记

序号	产品（任务）名称	完成情况	完成时间	责任人
3				
4				
5				
6				
7				

5. 检查

对照项目需求，明确检测要素，组内检测分工，仔细检查该项目的完成度，并填写表 4.6。若实施过程中出现故障，填写故障排查表（表 4.7）。

表 4.6　检测表

序号	检测要素	检测人员	完成度	备注
1				
2				
3				
4				

表 4.7　故障排查记录表

序号	故障现象	排查过程	解决方法
1			
2			
3			
4			

6. 评估

项目完成后，综合个人以及小组和班级其他同学在项目完成过程中的表现，对自己做出客观评价，明确学习的重点和后期的改进方向，并认真填写表 4.8。

表 4.8　综合评价

评价指标	评价内容	评价（百分制）
信息检索	能根据工作需要有效利用网络、图书资源、工作手册查找有用的相关信息	
仪态表达	表述仪态自然、吐字清晰；表达思路清晰、层次分明、准确	
团队精神	积极主动参与工作，与教师、同学之间相互尊重、理解、平等，保持多向、丰富、适宜的信息交流；能提出有意义的问题或能发表个人见解；能够倾听别人意见、协作共享	

学习情境四　单片机按键控制系统　■　199

续表

评价指标	评价内容	评价(百分制)
学习方法	学习方法得体,有工作计划;探究式学习、自主学习不流于形式,处理好合作学习和独立思考的关系,做到有效学习	
工作过程	遵守管理规程,操作过程符合现场管理要求;善于多角度分析问题,能主动发现、提出有价值的问题;能够正确完成工作任务	
工匠精神	硬件连接稳定、可靠、美观;代码编写规范、严谨,有必要的注释	

四、进阶与挑战

任务4 数码管静态显示按键键号

要求:逐个按下8个按键,显示对应的键值1、2、3、4、5、6、7、8。没有按键时,数码管显示内容保持不变。

分析:使用C语言中的分支语句完成,可以考虑使用if语句或者switch case语句完成。流程如图4.6所示。

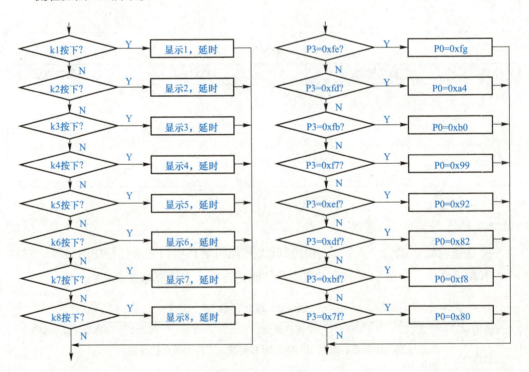

图4.6 任务4流程

需要使用到两个端口,一个端口(使用P3)用于连接按键,一个端口(使用P1)用于连接数码管。

引导问题 7

（1）在画横线部分填写合适的代码，使程序完成任务 5 要求的功能。

任务 4 实现效果

```
#include<reg52.h>
unsigned char code table[10]={0xc0,0xf9,0xa4,0xb0,0x99,0x92,0x82,0xf8,0x80,0x90};
void main(void)
{
while(1)
{
switch(_____)/*P3 口作为独立按键输入端，检测端口电平并做如下判断*/
{
case 0xfe:P1=table[1];break;/*连接在 P3.0 的按键被按下，显示对应数字*/
case 0xfd:P1=table[2];break;
_____:P1=table[3];break;
case 0xf7:P1=table[4];break;
case 0xef:P1=table[5];break;
case 0xdf:P1=table[6];break;
_____:P1=table[7];break;
case 0x7f:P1=table[8];break;
_____:break;/*如果都没有被按下，跳出循环*/
}
}
}
```

（2）基于上一问题的结论，小组合作完成硬件连接、编写代码、调试程序、下载、运行、观察结果。

（3）将实现过程中的心得体会写到"学习笔记"位置。

挑 战

任务 5 数码管静态显示电平信号

参考任务要求，实现：检测 P3.1 口的电平输入值，如果是高电平，数码管显示 H，如果是低电平，数码管显示 L。

（1）写出你针对上述问题的程序设计思路：
_____
_____

（2）在右侧线框内画出程序设计的流程图，并将核心代码写到下面：
_____
_____
_____
_____
_____
_____
_____

五、项目小结

1. 单片机按键控制系统实现的基本机制是什么？
_____
_____

2. 什么是矩阵式键盘？查阅相关资料并回答。
_____
_____

3. 在本项目中，你主要学习了哪些知识，完成了哪些任务？
_____
_____

4. 哪些知识或者任务对你来说难度较大？
_____
_____

项目二 抢答器的设计与实现

一、项目描述

抢答器是通过设计电路，准确判断出抢答者的电器。在知识竞赛、抢答赛等文体娱乐活动中，能准确、公正、直观地判断出抢答者的座位号，更好地促进各个团体的竞争意识，是一种常见而又非常实用的电子设备。

本项目要求完成一个按键抢答器的设计，实现先按键有效，其他按键被锁死，复位后重新开始抢答的功能（图 4.7）。通过本项目的设计与实现，可以帮助学习者更加深入地掌握单片机控制系统中按键的工作原理和工作机制，更好地体会单片机控制系统中各不同元器件之间通过巧妙的设计，就可以实现各种各样有趣、有用的电子产品。

图 4.7 抢答的实现效果

抢答器的实现效果演示

二、项目分析

要实现随时监测是否有抢答按键按下，就需要单片机循环检测按键，检测到任何一个按键按下时，标志该按键并退出，不再检测其他按键，所以其他按键即便按下也无效。最先按下的按键有效，对应 LED 灯亮或者发出提示音。

学习路线如图 4.8 所示。

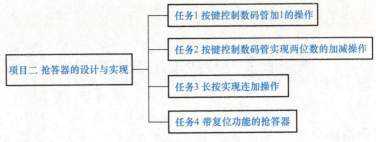

图 4.8 抢答器的设计与实现学习路线

三、项目实现

1. 知识准备（资讯、收集信息）

任务 1　按键控制数码管加 1 的操作

要求：按一次按键 k1，最左边数码管显示数字实现加 1 操作，如图 4.9 所示。

图 4.9　按键控制数码管加 1

任务 1 实现效果

分析：基于数码管的显示，需要确定数码管显示的段码和位码，在显示函数中锁存最左边的位，并在该位上显示相应的数字。如果按下按键，显示数字执行加 1 操作。

引导问题 1

根据任务要求，小组分析讨论，共同完成程序流程。

引导问题 2

(1) 在画横线部分填写合适的代码,使程序完成任务 1 要求的功能。
(2) 基于完善后的代码,小组合作完成硬件连接、编写代码、调试程序、下载、运行、观察结果。

```c
#include<reg52.h>
#include<intrins.h>

sbit KEY_ADD=P3^3;              // 定义按键输入端口
sbit KEY_DEC=P3^4;

#define DataPort P0             // 定义数据端口
sbit LATCH1=P2^2;               // 定义锁存使能端口  段锁存
sbit LATCH2=P2^3;               //                位锁存

unsigned char code DuanMa[10]={0x3f,0x06,0x5b,0x4f,0x66,0x6d,0x7d,0x07,0x7f,0x6f};    //_1_
unsigned char code WeiMa[]={0xfe,0xfd,0xfb,0xf7,0xef,0xdf,0xbf,0x7f};
unsigned char DisplayData[8];
void Delay10Ms();
void Display(unsigned char FirstBit,unsigned char Num);
void main(void)
{
unsigned char num=0:
KEY_ADD=1;                      // 按键输入端口电平置高
KEY_DEC=1;
while(1)                        // 主循环
    {
    if(!KEY_ADD)                // 如果检测到低电平,说明按键按下
        {
Delay10Ms();                    // 延时去抖,一般 10 ~ 20 ms
        if(!KEY_ADD)            // 再次确认按键是否按下,没有按下则退出
    {
        while(!KEY_ADD);
```

```
        if(num<9)_____;
    }
        }


    if(!KEY_DEC)                    // 如果检测到低电平，说明按键按下
        {
 Delay10Ms():                       // 延时去抖，一般 10 ~ 20 ms
    if(!KEY_DEC)                    // 再次确认按键是否按下，没有按下则退出
    {
        while(!KEY_DEC):
        if(num>0)num--:
    }
    }
    DisplayData[0]=DuanMa[_____]:
    Display(0,1):
        }
}
void Delay10Ms()//@11.0592MHz
{
unsigned char i,j:

_nop_():
_nop_():
i=20:
j=150:
do
{
while(--j):
} while(--i):
}
/*-------------------------------------------
  显示函数，用于动态扫描数码管；
  输入参数 FirstBit 表示需要显示的第一位
  Num 表示需要显示的位数
```

```c
----------------------------------------------*/
void Display(unsigned char FirstBit,unsigned char Num)
{
    unsigned char i;

    for(i=0;i<Num;i++)
    {
        DataPort=0;                        //清空数据，防止有交替重影
        LATCH1=1;                          //段锁存
        LATCH1=0;

        DataPort=WeiMa[_____];
                                           //取位码
        LATCH2=1;                          //位锁存
        LATCH2=0;

        DataPort=DisplayData[_____5_____];
                                           //取显示数据，段码
        LATCH1=1;                          //段锁存
        LATCH1=0;

        Delay10Ms();
                                           //扫描间隙延时，时间太长会闪烁，太短会
                                           //造成重影
    }
}
```

（3）这是一个比较复杂的程序，理解起来难度较大，将你认为难以理解的代码写到下面，并写出自己对该代码的解释。

_____

_____

任务 2 按键控制数码管实现两位数的加减操作

要求： 实现按一次按键 k1，最左边数码管显示数字实现加 1 操作，按一次按键 k2，最左边数码管显示数字实现减 1 操作，如图 4.10 所示。

任务 2 实现效果

学习情境四 单片机按键控制系统

学习笔记

图 4.10　按键控制数码管实现两位数的加减

分析：参考任务 1 中，按键控制数码管数字加 1 操作，对程序进行修改，添加实现减 1 操作的程序代码就可以完成。

引导问题 3

根据任务要求，小组分析讨论，共同完成程序流程。

引导问题 4

基于完善后的代码，小组合作完成硬件连接、编写代码、调试程序、下载、运行、观察结果。

任务 3　长按实现连加操作

要求：短按按键，数值实现加 1 或者减 1 操作，长按按键操作 3 s，数值快速连加或者连减，直到松开按键，并实时显示处理。

分析：通过长按和短按分别实现不同的功能，可以节省按键数量，在实际场景中得到广泛应用。例如，手机电源键长按表示开机或者关机，短按表示挂机、息屏或者结束某个操作。该任务中，没有长按这个键的时候，按一次按键，只能实现加减一次，如果数值比较大，调节占用的时间会比较长，进入长按键后，可以快速对数值进行连加或者连减的动作，效率得到大幅提升。

视频：任务 3 实现效果

按下按键，所有的程序都在等待按键释放时运行，利用等待的这个时间，判断按键长短并执行相应的动作。

定义一个变量用于计数按键的时长，检测到这个数值大于 3 s 时，按键进入长按动作，此时进入长按键的处理程序：

首先清零计数变量，准备下次使用；

其次检测按键是否按下，如果按下，执行长按程序，否则退出。

引导问题 5

根据任务要求，小组分析讨论，共同完成程序流程。

引导问题 6

（1）在画横线部分填写合适的代码，使程序完成任务 3 要求的功能。

```
#include<reg52.h>
#include<intrins.h>
sbit KEY_ADD=P3^3;                    // 定义按键输入端口

#define DataPort P0
sbit Duan_LATCH=P2^2;                 // 定义锁存使能端口 段锁存
sbit Wei_LATCH=P2^3;                  //                位锁存

unsigned char code DuanMa[10]={0x3f,0x06,0x5b,0x4f,0x66,0x6d,0x7d,0x07,0x7f,0x6f};
unsigned char code WeiMa[]={0xfe,0xfd,0xfb,0xf7,0xef,0xdf,0xbf,0x7f};
unsigned char DisplayData[8];         // 存储显示值的全局变量

void DelayMs(unsigned char t);
void Display(unsigned char FirstBit,unsigned char Num);
void Init_Timer0(void);

void main(void)
{
unsigned char num=0;
```

```c
        KEY_ADD=1;                          // 按键输入端口电平置高
        KEY_DEC=1;
        Init_Timer0();

        while(1)                            // 主循环
        {
        if(!KEY_ADD)                        // 如果检测到低电平,说明
                                            // 按键按下
            {
         DelayMs(10);                       // 延时去抖,一般10~20 ms
            if(!KEY_ADD)                    // 再次确认按键是否按下,
                                            // 没有按下则退出
            {
            while(!KEY_ADD)
              {
        key_press_num++;
                DelayMs(10);                //10×200=2 000 ms=2 s
        if(key_press_num==200)              // 大约2 s
            {
            key_press_num=0;                //_____
        while(!KEY_ADD)                     //_____
                {
                if(num<99)num++;
        DisplayData[0]=DuanMa[num/10];
                DisplayData[1]=DuanMa[num%10];
                    DelayMs(50);            //_____
        }
            }
        }
            key_press_num=0;                // 防止累加造成错误识别
            if(num<99)                      // 加操作
                num++;
            }
        }
```

```c
        DisplayData[0]=DuanMa[num/10];
        DisplayData[1]=DuanMa[num%10];
    }
}
void DelayMs(unsigned char t)//@11.0592MHz
{
unsigned char i,j;

_nop_();
_nop_();
i=2*t;
j=150;
do
{
while(--j);
} while(--);
}
/*--------------------------------------------------
  显示函数，用于动态扫描数码管；输入参数 FirstBit 表示需要显示的第一位
  Num 表示需要显示的位数
--------------------------------------------------*/
void Display(unsigned char FirstBit,unsigned char Num)
{
    static unsigned char i=0;
    DataPort=0;                      // 清空数据，防止有交替重影
    Duan_LATCH=1;                    // 段锁存
    Duan_LATCH=0;

    DataPort=WeiMa[i+FirstBit];      // 取位码
    Wei_LATCH=1;                     // 位锁存
    Wei_LATCH=0;
    DataPort=DisplayData[i];         // 取显示数据，段码
    Duan_LATCH=1;                    // 段锁存
```

```
        Duan_LATCH=0;

    i++;
        if(i==Num)i=0;
}
/*--------------------------------------------------
                    定时器初始化子程序
----------------------------------------------------*/
void Init_Timer0(void)
{
TMOD |= 0x01;                   // 使用模式1、16位定时器
/TH0=0x00;                      // 给定初值
//TL0=0x00;
EA=1;                           // 总中断打开
ET0=1;                          // 定时器中断打开
TR0=1;                          // 定时器开关打开
}
/*--------------------------------------------------
                    定时器中断子程序
----------------------------------------------------*/
void Timer0_isr(void)interrupt 1
{
 TH0=(65536-2000)/256;          // 重新赋值 2 ms
 TL0=(65536-2000)%256;
 Display(0,8);
}
```

（2）基于完善后的代码，小组合作完成硬件连接、编写代码、调试程序、下载、运行、观察结果。

2. 制定计划

根据本项目所提出的任务要求，小组内互相讨论，制定工作计划（表4.9）（工作时间列中，"实际"列先不填写）。将本小组选择该工作计划的理由写到下面横线上，并选派代表向全班汇报展示。

_____

_____

表 4.9　工作计划表

工作计划							
序号	工作阶段/步骤	准备清单 元器件/工具/辅助材料	工作安全	工作人员	工作时间		
					计划	实际	
1							
2							
3							
4							
5							
工作环境保护							

日期：　　　　　　　　　　　　　教师：　　　　　　　　　　　　　学生：

3. 决策

在充分分析并吸取其他各小组汇报的工作计划及教师点评的基础上，小组内部进行讨论，对原工作计划修改完善，制定新的工作计划。

注意：使用一种不同颜色的书写笔在原工作计划表上进行修改。

4. 实施

实施步骤 1　学生任务分配

填写学生任务分配表，见表 4.10。

表 4.10　学生任务分配表

班级		组号		指导教师	
组长		组员			
组员及分工	姓名			任务	

学习笔记

实施步骤2　工具及器件检测

请正确选择项目中使用的工具和器件，在使用过程中注意维护与保养。工具使用前要对工具状态进行检查，若有损坏及时进行更换。填写工具及器件检测表，见表4.11。

表 4.11　工具及器件检测表

序号	名称	工具状态是否良好	损坏情况（没有损坏则不填写）
1	单片机开发板	是○否○	
2	计算机	是○否○	
3	杜邦线	是○否○	
4	USB 连接线	是○否○	
5	Keil C51	是○否○	
6	STC-ISP	是○否○	
7	数码管（开发板上）	是○否○	
8	USB 驱动	是○否○	
9	独立式键盘	是○否○	

实施步骤3　实现关键代码的编写

（1）在线框内画出程序设计的流程。

（2）小组内分工完成抢答器的源程序编写，并将核心代码写到下面。

实施步骤 4 软硬件联调

完成硬件连接、程序编写、软硬件互联、通电、按键抢答器等各项具体的功能要求，填写完成项目任务单（表 4.12），并填写工作计划表（表 4.9）中的实际时间栏。

表 4.12 项目任务单

序号	产品（任务）名称	完成情况	完成时间	责任人
1				
2				
3				
4				
5				
6				
7				

5. 检查

对照项目需求，明确检测要素，组内检测分工，仔细检查该项目的完成度，并填写表 4.13。若实施过程中出现故障，填写故障排查表（表 4.14）。

表 4.13 检测表

序号	检测要素	检测人员	完成度	备注
1				
2				
3				
4				

表 4.14 故障排查记录表

序号	故障现象	排查过程	解决方法
1			
2			
3			
4			

6. 评估

项目完成后，综合个人以及小组和班级其他同学在项目完成过程中的表现，对自己做出客观评价，明确学习的重点和后期的改进方向，并认真填写表 4.15。

学习笔记

表 4.15 综合评价

评价指标	评价内容	评价(百分制)
信息检索	能根据工作需要有效利用网络、图书资源、工作手册查找有用的相关信息	
仪态表达	表述仪态自然、吐字清晰;表达思路清晰、层次分明、准确	
团队精神	积极主动参与工作,与教师、同学之间相互尊重、理解、平等,保持多向、丰富、适宜的信息交流;能提出有意义的问题或能发表个人见解;能够倾听别人意见、协作共享	
学习方法	学习方法得体,有工作计划;探究式学习、自主学习不流于形式,处理好合作学习和独立思考的关系,做到有效学习	
工作过程	遵守管理规程,操作过程符合现场管理要求;善于多角度分析问题,能主动发现、提出有价值的问题;能够正确完成工作任务	
工匠精神	硬件连接稳定、可靠、美观;代码编写规范、严谨,有必要的注释	

四、进阶与挑战

任务 4 带复位功能的抢答器

要求: 对项目二的程序进行修改,在实现一次抢答后,用户按下按键 8 进行复位,然后可以进行下一次抢答。

引导问题 7

小组讨论,将核心代码填到下边横线上,并合作完成硬件连接、编写代码、调试程序、下载、运行、观察结果。

_____
_____

五、项目小结

这是一个很实用的单片机输入输出控制系统,在完成的过程,你认为有哪些设计思路值得在以后学习和工作中借鉴?

_____
_____

学习情境五　模数和数模转换控制系统

一、情境描述

当今世界，计算机技术得到飞速发展与普及，尤其在现代控制、通信及检测等领域，为了提高系统的性能指标，对信号的处理广泛采用了数字计算机技术。单片机是一个典型的数字系统。数字系统只能对输入的数字信号进行处理，其输出信号也是数字的。

但是在工业控制、通信、检测等系统和日常生活中的许多物理量都是模拟量，比如温度、位移、长度、压力、速度、图像等。为了实现数字系统对这些电模拟量的检测、运算和控制，就需要一个模拟量和数字量之间相互转换的过程。要使计算机或数字仪表能识别、处理这些信号，必须首先将这些模拟信号转换成数字信号；而经计算机分析、处理后输出的数字量也往往需要将其转换为相应的模拟信号才能为执行机构所接受。

数模转换就是将离散的数字量转换为连接变化的模拟量，模数转换则相反。模数和数模转换器是单片机控制系统中最为常见并使用的元器件，理解并掌握这些转换器的使用也是处理单片机真实工程项目的基本要求。

三、目标要求

知识目标

※ 理解模数、数模转换的基本原理；
※ 了解常见的模数、数模转换器；
※ 掌握单片机和模数、数模转换的机制。

技能目标

※ 能够阅读和绘制单片机模数、数模转换的基本电路；
※ 能够根据工程需求，进行模数、数模转换器的正确选型；
※ 能够针对模数、数模转换器和单片机开发板实现硬件的连接；
※ 能够使用 Keil 开发工具进行软件的编程和调试；
※ 能够分析程序设计流程，对系统进行联调。

素养目标

※ 能够在团队合作中准确地表达自己，认真听取其他成员建议，进行顺畅的交流；
※ 能够针对任务要求，提出自己的改进方法，进行一定的创新设计；
※ 能够对硬件电路设计和编写的程序进行持续的改进，具备精益求精的工匠精神。

项目一 将输入电压转成数字显示

一、项目描述

该项目要求从 ADC0809 的通道 IN3 输入 0～5 V 的模拟量,通过该转换器转换成数字量并在数码管上以十进制形式显示出来(图 5.1)。

图 5.1 将输入电压转成数字显示效果

二、项目分析

将输入电压转成数字显示在模数转换中非常常见,也是非常有代表性的一类任务。ADC0809 是带有 8 位 A/D 转换器和 8 路多路开关以及与微处理机兼容的控制逻辑 CMOS 组件,适合完成该项目。该任务需要掌握的知识技能如下:

(1) ADC0809 的特点和工作过程;
(2) 单片机系统开发板上的硬件连接;
(3) 进行 A/D 转换的程序设计;
(4) 单片机、转换器和 Keil C51 软件的互联。

学习路线如图 5.2 所示。

效果演示

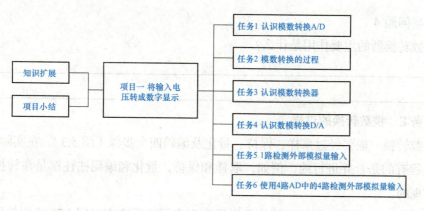

图 5.2 将输入电压转成数字显示学习路线

三、项目实现

1. 知识准备（资讯、收集信息）

任务 1　认识模数转换 A/D

人类已经进入数字化时代，数字化的浪潮促使模拟信号向数字化信号的转变更加频繁，推动了 A/D 转换器不断变革。现在的软件、无线电、数字图像采集都需要有高速的 A/D 采样保证有效性和精度。

引导问题 1
什么是模拟量？并举例说明。

引导问题 2
什么是数字量？并举例说明。

引导问题 3
单片机内部运算时使用数字量还是模拟量？为什么？

引导问题 4

模数转换器的主要作用是什么?

任务 2　模数转换的过程

模数转换一般要经过采样、保持、量化及编码四个步骤（图 5.3）。在实际电路中，这些过程有的是合并进行的，例如，取样和保持，量化和编码往往都是在转换过程中同时实现的。

采样是指用每隔一定时间的信号样值序列来代替原来在时间上连续的信号，也就是在时间上将模拟信号离散化。

保持是将每次取得的模拟信号通过保持电路保持一段时间，为后续的量化编码过程提供一个稳定值。

量化是用有限个幅度值近似模拟原来连续变化的幅度值，把模拟信号的连续幅度变为有限数量的有一定间隔的离散值。

编码则是按照一定的规律，把量化后的值用二进制数字表示，然后转换成二值或多值的数字信号流。这样得到的数字信号可以通过电缆、微波干线、卫星通道等数字线路传输。

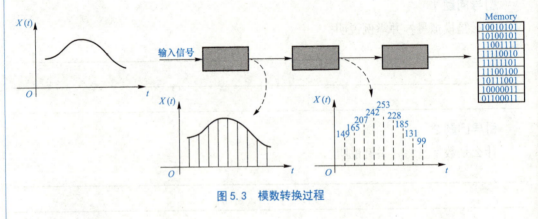

图 5.3　模数转换过程

引导问题 5

什么是采样定理?

引导问题 6

在使用数字量表示模拟量时，数字位数的多少和精度有什么关系?

引导问题 7

解释 A/D 转换的主要技术指标，见表 5.1。

表 5.1　A/D 转换的主要技术指标

分辨率	
转换速率	
量化误差	
偏移误差	
满刻度误差	
线性度	

任务 3　认识模数转换器

模数转换器即 A/D 转换器，或简称 ADC，通常是指一个将模拟信号转变为数字信号的电子元件（图 5.4）。通常的模数转换器是把经过与标准量比较处理后的模拟量转换成以二进制数值表示的离散信号的转换器。故任何一个模数转换器都需要一个参考模拟量作为转换的标准，比较常见的参考标准为最大的可转换信号大小。而输出的数字量则表示输入信号相对于参考信号的大小。

引导问题 8

A/D 转换器的分类如图 5.5 所示，请查阅资料并进行简单了解。

图 5.4　A/D 转换器

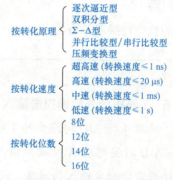

图 5.5　A/D 转换器的分类

引导问题 9

分别解释 ADC0809、ADC0832、PCF8591，见表 5.2。

表 5.2　解释 ADC089、ADC0832、PCF8591

ADC0809	
ADC0832	
PCF8591	

学习笔记

任务4　认识数模转换 D/A

引导问题 10

为什么需要进行数模转换？

___

引导问题 11

举例说明哪些地方需要用到数模转换？

___

引导问题 12

D/A 转换的主要技术指标有哪些？

___

引导问题 13

写出两种数模转换方式。

___

引导问题 14

常用的数模转换芯片有哪些？

___

任务5　1路检测外部模拟量输入

要求：使用 4 路 A/D 转换中的 1 路检测外部模拟量输入。

分析：A/D 转换即将 AIN 端口输入的模拟电压转换为数字量并发送到总线上，可以知道该函数需要指定输入的通道，还要将转换后的数字量返回。

参考代码如下：

```
#include"display.h"
#include"delay.h"

#define DataPort P0            // 定义数据端口　程序中遇到
                               //DataPort 则用 P0 替换
sbit LATCH1=P2^0;              // 定义锁存使能端口　段锁存
sbit LATCH2=P2^3;              //                    位锁存
```

```c
unsigned char code dofly_DuanMa[10]={0x3f;0x06;0x5b;0x4f;0x66;0x6d;0x7d;0x07;0x7f;0x6f};          // 显示段码值0~9
unsigned char code dofly_WeiMa[]={0xfe,0xfd,0xfb,0xf7,0xef,0xdf,0xbf,0x7f};              // 分别对应相应的数码管点亮，即位码
unsigned char TempData[8];         // 存储显示值的全局变量

/*--------------------------------------------------
    显示函数，用于动态扫描数码管
--------------------------------------------------*/
void Display(unsigned char FirstBit,unsigned char Num)
{
        static unsigned char i=0;

        DataPort=0;                // 清空数据，防止有交替重影
        LATCH1=1;                  // 段锁存
        LATCH1=0;

        DataPort=dofly_WeiMa[i+FirstBit];// 取位码
        LATCH2=1;                          // 位锁存
        LATCH2=0;

        DataPort=TempData[i];      // 取显示数据，段码
        LATCH1=1;                  // 段锁存
        LATCH1=0;

        i++;
        if(i==Num)
        i=0;
}
/*--------------------------------------------------
        定时器初始化子程序
--------------------------------------------------*/
void Init_Timer0(void)
```

```
{
  TMOD |= 0x01;              // 使用模式1、16位定时器,使用
                             //"|"符号可以在使用多个定时器时不
                             // 受影响
  //TH0=0x00;                // 给定初值
  //TL0=0x00;
  EA=1;                      // 总中断打开
  ET0=1;                     // 定时器中断打开
  TR0=1;                     // 定时器开关打开
}
/*-----------------------------------------------
         定时器中断子程序
-------------------------------------------------*/
void Timer0_isr(void) interrupt 1
{
  TH0=(65536-2000)/256;      // 重新赋值,2 ms
  TL0=(65536-2000)%256;

  Display(0,8);
}
```

引导问题 15

小组内部仔细研究该程序代码,并分析出该任务的硬件连接方式,填写到表 5.3 中。

表 5.3 硬件连接方式

单片机接口	模块接口	杜邦线数量	功能

引导问题 16

小组内继续阅读并讨论程序,每位组员将自己对程序的理解和你认为的重点写到下面。

_____

_____

_____

_____

引导问题 17

基于上一问题的结论,小组合作完成硬件连接、编写代码、调试程序、下载、运行、观察结果。将实现过程中的心得体会写到"学习笔记"位置。

任务 6　使用 4 路 AD 中的 4 路检测外部模拟量输入

要求：使用 4 路 AD 中的 4 路检测外部模拟量输入。

分析：该任务和任务 5 非常相似,只是由原来的 1 路检测外部模拟量输入改变为 4 路检测外部模拟量输入。

将程序加载到 Keil 软件中,运行程序,观察结果,小组讨论并理解程序的每一个模块,将讨论重点记录到下面。

参考代码如下：

```c
#include<reg52.h>
#include "i2c.h"
#include "delay.h"
#include "display.h"

#define AddWr 0x90    // 写数据地址
#define AddRd 0x91    // 读数据地址

extern bit ack;
bit ReadADFlag;

unsigned char ReadADC(unsigned char Chl);
bit WriteDAC(unsigned char dat);
/*-------------------------------------------------
                主程序
-------------------------------------------------*/
main()
```

```c
{
    unsigned char num=0,i;
    Init_Timer0();
    DelayMs(20);

    while(1)                    // 主循环
    {
    if(ReadADFlag)
    {
    ReadADFlag=0;
// 连续读5次，输入通道后多读几次，取最后一次值，以便读出稳定值
    for(i=0;i<5;i++)
        num=ReadADC(0);
// ×10表示把实际值扩大10倍，如4.5变成45，方便做下一步处理。×5表
   示基准电压5 V
    num=num*5*10/256;
    TempData[0]=dofly_DuanMa[num/10]|0x80;
    TempData[1]=dofly_DuanMa[num%10];


    for(i=0;i<5;i++)
        num=ReadADC(1);
    num=num*5*10/256;    // ×10表示把实际值扩大10倍，如4.5变成45方便
                            做下一步处理
    TempData[2]=dofly_DuanMa[num/10]|0x80;
    TempData[3]=dofly_DuanMa[num%10];


    for(i=0;i<5;i++)
        num=ReadADC(2);
    num=num*5*10/256;         //×10表示把实际值扩大10倍，如4.5变成45
                               方便做下一步处理
    TempData[4]=dofly_DuanMa[num/10]|0x80;
    TempData[5]=dofly_DuanMa[num%10];


    for(i=0,i<5;i++)
```

```c
        num=ReadADC(3);
        num=num*5*10/256;          //×10表示把实际值扩大10倍,如4.5变成45
                                   方便做下一步处理
        TempData[6]=dofly_DuanMa[num/10]|0x80;
        TempData[7]=dofly_DuanMa[num%10];
        // 主循环中添加其他需要一直工作的程序
        }
    }
}
/*-----------------------------------------------
                读AD转值程序
输入参数 Chl 表示需要转换的通道,范围从 0 ～ 3
返回值范围 0 ～ 255
-------------------------------------------------*/
unsigned char ReadADC(unsigned char Chl)
{
    unsigned char Val;
    Start_I2c();                   // 启动总线
    SendByte(AddWr);               // 发送器件地址
    if(ack==0)return(0);
    SendByte(Chl);                 // 发送器件子地址
    if(ack==0)return(0);
    Start_I2c();
    SendByte(AddRd);
    if(ack==0)return(0);
    Val=RcvByte();
    NoAck_I2c();                   // 发送非应位
    Stop_I2c();                    // 结束总线
    return(Val);
}
```

引导问题 18

小组内部仔细研究该程序代码,并分析出该任务的硬件连接方式,填写到表 5.4 中。

学习笔记

表 5.4 硬件连接方式

单片机接口	模块接口	杜邦线数量	功能

引导问题 19

小组内继续阅读并讨论程序,每位组员将自己对程序的理解和你认为的重点写到下面。

_____
_____
_____
_____
_____

引导问题 20

基于上一问题的结论,小组合作完成硬件连接、编写代码、调试程序、下载、运行、观察结果。将实现过程中的心得体会写到"学习笔记"位置。

2. 制定计划

根据本项目提出的任务要求,小组内互相讨论,制定工作计划(表 5.5)(在工作时间列中,"实际"列先不填写)。将本小组选择该工作计划的理由写到下面横线上,并选派代表向全班汇报展示。

_____
_____
_____
_____
_____

表 5.5 工作计划表

工作计划							
序号	工作阶段/步骤	准备清单 元器件/工具/辅助材料	工作安全	工作人员	工作时间	
					计划	实际
1						
2						
3						
4						
5						
6						
工作环境保护							

日期：　　　　　　　　　　教师：　　　　　　　　　　学生：

3. 决策

在充分分析并吸取其他各小组汇报的工作计划及教师点评的基础上，小组内部进行讨论，对原工作计划修改完善，制定新的工作计划。

注意：使用一种不同颜色的书写笔在原工作计划表上进行修改。

4. 实施

实施步骤 1　学生任务分配

填写学生任务分配表，见表 5.6。

表 5.6 学生任务分配表

班级		组号		指导教师	
组长		组员			
组员及分工	姓名		任务		

实施步骤 2　工具及器件检测

请正确选择项目中使用的工具和器件，在使用过程中注意维护与保养。工具使用前要对工具状态进行检查，若有损坏及时进行更换。填写工具及器件检测表，见表 5.7。

学习情境五　模数和数模转换控制系统

学习笔记

表 5.7 工具及器件检测表

序号	名称	工具状态是否良好	损坏情况（没有损坏则不填写）
1	单片机开发板	是○否○	
2	计算机	是○否○	
3	杜邦线	是○否○	
4	USB 连接线	是○否○	
5	Keil C51	是○否○	
6	STC-ISP	是○否○	
7	LED 灯（开发板上）	是○否○	
8	ADC0809（开发板上）	是○否○	
9	USB 驱动		

实施步骤 3　点亮 LED 灯

完成硬件连接、程序编写、软硬件互连、通电、点亮等各项具体的功能要求，填写完成项目任务单（表 5.8），并填写工作计划表（表 5.5）中的实际时间栏。

表 5.8　项目任务单

序号	产品（任务）名称	完成情况	完成时间	责任人
1				
2				
3				
4				
5				
6				
7				

5. 检查

对照项目需求，明确检测要素，组内检测分工，仔细检查该项目的完成度，并填写表 5.9。若实施过程中出现故障，填写故障排查表（表 5.10）。

表 5.9　检测表

序号	检测要素	检测人员	完成度	备注
1				
2				
3				
4				

表 5.10 故障排查记录表

序号	故障现象	排查过程	解决方法
1			
2			
3			
4			

6. 评估

项目完成后,综合个人以及小组和班级其他同学在项目完成过程中的表现,对自己做出客观评价,明确学习的重点和后期的改进方向,并认真填写表 5.11。

表 5.11 综合评价

评价指标	评价内容	评价(百分制)
信息检索	能根据工作需要有效利用网络、图书资源、工作手册查找有用的相关信息	
仪态表达	表述仪态自然、吐字清晰;表达思路清晰、层次分明、准确	
团队精神	积极主动参与工作,与教师、同学之间相互尊重、理解、平等,保持多向、丰富、适宜的信息交流;能提出有意义的问题或能发表个人见解;能够倾听别人意见、协作共享	
学习方法	学习方法得体,有工作计划;探究式学习、自主学习不流于形式,处理好合作学习和独立思考的关系,做到有效学习	
工作过程	遵守管理规程,操作过程符合现场管理要求;善于多角度分析问题,能主动发现、提出有价值的问题;能够正确完成工作任务	
工匠精神	硬件连接稳定、可靠、美观;代码编写规范、严谨,有必要的注释	

四、知识扩展

1. A/D 转换器 PCF8591

PCF8591 采用典型的 I^2C 总线接口器件寻址方法,即总线地址由器件地址、引脚地址和方向位组成。飞利浦公司规定 A/D 器件地址为 1001。引脚地址 A2A1A0,其值由用户选择,因此 I^2C 系统中最多可接 2^3=8 个具有 I^2C 总线接口的 A/D 器件(图 5.6)。地址的最后一位为方向位 R/W,当主控器对 A/D 器件进行读操作时为 1,进行写操作时为 0。总线操作时,由器件地址、引脚地址和方向位组成的从地址为主控器发送的第一字节。

MSB   LSB

D7	D6	D5	D4	D3	D2	D1	D0

图 5.6 PCF8591 总线接口器件寻址方法

D7～D4：飞利浦公司规定为1001。

D3～D1：A2、A1、A0的电平，原理图上面是全部接地，所以为000。

D0：方向设置，当为1时进行读操作，当为0时进行写操作。

D1、D0：A/D通道选择，00通道0，01通道1，10通道2，11通道3。

D2：自动增益选择（有效位为1）。

D5、D4：输入模式选择：00四路单数输入；01三路差分输入；10单端与差分配合输入；11为模拟输入有效。

D6：模拟输出使能位（使能为1）。

2. 字节传送与应答

起始和终止信号都是由主机发出的，在起始信号产生后，总线就处于被占用的状态；在终止信号产生后，总线就处于空闲状态。

在起始信号后必须传送一个从机的地址（7位），第8位是数据的传送方向位（R/T），用"0"表示主机发送数据（T），"1"表示主机接收数据（R）。每次数据传送总是由主机产生的终止信号结束。但是，若主机希望继续占用总线进行新的数据传送，则可以不产生终止信号，马上再次发出起始信号对另一从机进行寻址。

主机可以采用不带 I^2C 总线接口的单片机，如80C51、AT89C2051等单片机，利用软件实现 I^2C 总线的数据传送，即软件与硬件结合的信号模拟。为了保证数据传送的可靠性，标准的 I^2C 总线的数据传送有严格的时序要求。

每一个字节必须保证是8位长度。数据传送时，先传送最高位（MSB），每一个被传送的字节后面都必须跟随一位应答位（一帧共有9位）。

读取的第一个字节包含上一次转换结果。将上一个字节读取时，才开始进行这次转换的采样。读取的第二个字节才是这次的转换结果。所以读取转换结果的步骤：发送转换命令，将上次的结果读走，然后等一会儿，再读取结果。

写出PCF8591各引脚的定义（图5.7）。

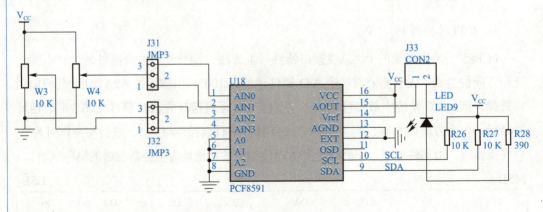

图5.7　PCF8591各引脚

引导问题 21

AD 转换器 PCF8591 是怎样进行字节的传送和应答的，请用自己的语言写出。

_____
_____

五、项目小结

1. 单片机控制系统中为什么会用到 A/D 和 D/A 转换？

_____
_____

2. 常见的 A/D 和 D/A 转换器都有哪些，各有什么特点（至少写出 4 个）？

_____
_____

3. 开发带有 A/D 和 D/A 转换的单片机系统，主要的实现思路是什么？

_____
_____

项目二 基于温度传感器的高温报警控制系统

一、项目描述

无论在日常生活还是在各种工业控制领域,准确地获取温度数据都是最为常见的需求。温度传感器起到举足轻重的作用。

该项目要求组成单片机和温度传感器的控制系统(图5.8),实现基于DS18B20的高温报警控制。即当温度超过我们设定的最高值时,自动发出报警信号。

图5.8 基于温度传感器的高温报警控制系统

二、项目分析

DS18B20是常用的数字温度传感器,体积小,适用各种狭小空间设备数字测温和控制领域,在该项目中可以采用该温度传感器实现测温及高温报警控制。该项目需要掌握的知识技能如下:

(1)温度传感器的工作原理;
(2)DS18B20的读写时序;
(3)现场温度采集和显示;
(4)单片机、温度传感器和Keil C51软件的互联。

学习路线如图5.9所示。

效果演示

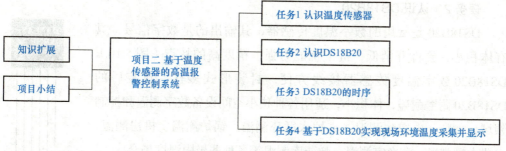

图 5.9 基于温度传感器的高温报警控制系统学习路线

三、项目实现

1. 知识准备（资讯、收集信息）

任务 1　认识温度传感器

不论是在日常生活、工业控制还是在航空航天技术等领域，温度测量和温度控制技术都得到广泛的应用。作为核心元器件的温度传感器也得到迅速发展，并呈现出体积小、功耗低、可靠性高、成本低等优点。

温度传感器（temperature transducer）是指能感受温度并转换成可用输出信号的传感器。温度传感器是温度测量仪表的核心部分，品种繁多。按测量方式可分为接触式和非接触式两大类，按照传感器材料及电子元件特性分为热电阻和热电偶两类。

引导问题 1

什么是接触式温度传感器？它们有什么特点？并举例说明。

_____
_____
_____

引导问题 2

什么是非接触式温度传感器？它们有什么特点？并举例说明。

_____
_____
_____

引导问题 3

热电阻传感器和热电偶传感器各有什么特点？

_____
_____
_____

任务 2 认识 DS18B20

DS18B20 是常用的数字温度传感器，其输出的是数字信号，具有体积小、硬件开销低、抗干扰能力强、精度高的特点（图 5.10）。DS18B20 数字温度传感器接线方便，封装形式多样，封装后的 DS18B20 耐磨耐碰，体积小，适用各种狭小空间设备数字测温和控制领域，例如：电缆沟测温、高炉水循环测温、锅炉测温、机房测温、农业大棚测温、洁净室测温、弹药库测温等各种非极限温度场合。

Dallas 半导体公司的数字化温度传感器 DS1820 是世界上第一片支持"一线总线"接口的温度传感器，可以方便地组建传感器网络，经济而实用。

图 5.10 DS18B20

引导问题 4

DS18B20 有三个引脚，将引脚和作用对应连线。

引脚名称	作用
GND	数字信号输入输出端
DQ	外接电源输入端
V_{DD}	电源地

DS18B20 的内部结构主要由 4 部分组成：64 位 ROM、温度传感器、非挥发的温度报警触发器 TH 和 TL、配置寄存器，如图 5.11 所示。ROM 中的 64 位序列号是出厂前被光刻好的，前 8 位是 DS18B20 的自身代码，接下来的 48 位为连续的数字代码，最后的 8 位是对前 56 位的 CRC 校验。它可以看作是该 DS18B20 的地址序列码，每个 DS18B20 的 64 位序列号均不相同，这样就可以实现一根总线上挂接多个 DS18B20。

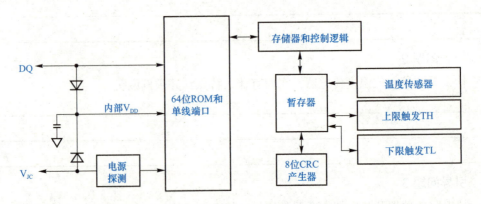

图 5.11 DS18B20 内部结构

DS18B20 的存储器包括高速暂存器 RAM 和可电擦除 RAM，可电擦除 RAM 又包括温度触发器 TH 和 TL，以及一个配置寄存器。高速暂存器由 9 个字节组成，分为温度低八位数据 0、温度高八位数据 1、高温阈值 2、低温阈值 3、配置寄存器 4、保留 5、技术剩余值 6、每度计数值 7 和 CRC 校验 8，见表 5.12。器件断电时，EEPROM 寄存器中的数据保留，上电后，EEPROM 数据被重新加载到相应的寄存器位置，也可以使用命令随时将数据从 EEPROM 重新加载到暂存器中。

表 5.12　高速暂存器组成

寄存器内容	字节地址
温度低八位	0
温度高八位	1
高温阈值	2
低温阈值	3
配置寄存器	4
保留	5
技术剩余值	6
每度计数值	7
CRC 校验	8

温度寄存器数据格式如图 5.12 所示。

图 5.12　温度寄存器数据格式

DS18B20 中的温度传感器数据用 16 位二进制形式提供，其中 S 为符号位（正数 S=0，负数 S=1）。

配置寄存器数据格式如图 5.13 所示。

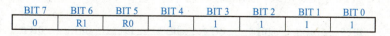

图 5.13　配置寄存器数据格式

R1、R0 是温度的决定位，由 R1、R0 的不同组合可以配置为 9 位、10 位、11 位、12 位的温度显示，分别对应 0.5 ℃、0.25 ℃、0.125 ℃和 0.062 5 ℃的增量，见表 5.13。

表 5.13　R1、R0 不同组合

R1	R0	分辨率	最高精度
0	0	9	0.5
0	1	10	0.25
1	0	11	0.125
1	1	12	0.062 5

开机时的默认分辨率是 12 位。如果 DS18B20 配置为 12 位分辨率，那么温度寄存器中的所有位都将包含有效数据。对于 11 位分辨率，0 位没有定义。对于 10 位分辨率，位 1 和 0 没有定义，对于 9 位分辨率，位 2、位 1 和位 0 没有定义。

以 12 位转化为例：如果测得的温度是正数，高 5 位全为 0，将测量的数值乘以 0.062 5 即可得到实际温度。如果测得的温度是负数，高 5 位全为 1，测得的数值取反再加 1，然后乘以 0.062 5，即可得到实际的温度。

引导问题 5

根据测得的数值，填写表 5.14。

表 5.14　填写测得数值

测得的二进制数值	十六进制值	实际温度值（十进制）
0000011111010000	07D0	125 ℃
0000010101010000		
0000000110010001		
0000000010100010		
0000000000001000		
0000000000000000		
1111111111111000		
1111111101011110		
1111111001101111		
1111110010010000	FC90	−55 ℃

TH 和 TL 报警寄存器格式，如图 5.14 所示。

BIT 7	BIT 6	BIT 5	BIT 4	BIT 3	BIT 2	BIT 1	BIT 0
S	2^6	2^5	2^4	2^3	2^2	2^1	2^0

图 5.14　TH 和 TL 报警寄存器格式

TH 和 TL 寄存器存储温度报警触发值，符号位 S 表示值是正还是负，对于正数，S=0，对于负数，S=1。DS18B20 执行温度转换后，将温度值与用户定义的两个报警触发值进行比较，由于 TH 和 TL 是 8 位寄存器，因此在比较 TH 和 TL 时只使用温度寄存器的第 11 位到第 4 位，如果被测温度低于或等于 TL 值，或高于或等于 TH 值，则在 DS18B20 内部存在报警条件，并设置报警标志。主设备可以通过发出一个［EC］命令来检查总线上所有 DS18B20 的报警标志状态。TH 和 TL 寄存器是非易失性的（EEPROM），当设备断电时，它们将保留数据。可以通过内存部分暂存器的字节 2 和字节 3 访问 TH 和 TL。

引导问题 6

根据测得的数值，填写表 5.15。

表 5.15 TH 和 TL 设置

限值温度要求	TH 和 TL 设置
123 ℃	
22 ℃	
0 ℃	
−18 ℃	
−55 ℃	

任务 3 DS18B20 的时序

DS18B20 单线通信功能是分时完成的，它有严格的时序概念，如果出现序列混乱，1-WIRE 器件将不响应主机，因此读写时序很重要。系统对 DS18B20 的各种操作必须按协议进行。根据 DS18B20 的协议规定，微控制器控制 DS18B20 完成温度的转换必须经过以下 3 个步骤：

（1）每次读写前对 DS18B20 进行复位初始化。复位要求主 CPU 将数据线下拉 500 μs，然后释放，DS18B20 收到信号后等待 16～60 μs，然后发出 60～240 μs 的存在低脉冲，主 CPU 收到此信号后表示复位成功。

（2）发送一条 ROM 指令，见表 5.16。

表 5.16 发送 ROM 指令

指令	指令代码	功能
读 ROM	33H	读芯片中的编码（64 地址）
ROM 匹配	55H	发出此命令和 64 位 ROM 编码，访问单总线上与该编码一致的 DS18B20，使之做出响应，为下一步对 DS18B20 的读写做准备
搜索 ROM	0F0H	用于确定挂接在同一总线上 DS18B20 的个数和地址，为操作各器件做准备
跳过 ROM	0CCH	忽略 64 位 ROM 地址，直接向 DS18B20 发温度变换命令，适用单片工作
报警搜索	0ECH	该指令执行后，只有温度超过设定值上限或下限的片子才做出响应

学习笔记

（3）发送存储器指令，见表 5.17。

表 5.17　发送存储器指令

指令	指令代码	功能
温度变化	44H	DS18B20 进行温度转换，转换时间最长 500 ms（典型为 200 ms），结果存入内部 9 字节的 RAM
读暂存器	0BEH	读内部 RAM 中 9 字节的内容
写暂存器	4EH	发出向内部 RAM 的第 3、4 字节，写上下限温度数据命令，紧跟该命令之后，是传送两字节的数据
复制暂存器	48H	将 RAM 中第 3、4 字节的内容复制到 EEPROM 中
重调 EEPROM	0B8H	EEPROM 中的内容恢复到 RAM 中第 3、4 字节
读供电方式	0B4H	读 DS18B20 的供电模式，寄生供电时 DS18B20 发送 "0"，外接电源供电 DS18B20 发送 "1"

具体操作举例：

现在我们要做的是让 DS18B20 进行一次温度的转换，操作步骤如下：

（1）主机先做个复位操作。

（2）主机再写跳过 ROM 的操作（CCH）命令。

（3）主机接着写个转换温度的操作命令，后面释放总线至少 1 s，让 DS18B20 完成转换的操作。在这里要注意的是每个命令字节在写的时候都是低字节先写，例如 CCH 的二进制为 11001100，在写到总线上时要从低位开始写，写的顺序是 "0、0、1、1、0、0、1、1"。

读取 RAM 内的温度数据。同样，这个操作也有 3 个步骤：

（1）主机发出复位操作并接收 DS18B20 的应答（存在）脉冲。

（2）主机发出跳过对 ROM 操作的命令（CCH）。

（3）主机发出读取 RAM 的命令（BEH），随后主机依次读取 DS18B20 发出的从第 0 至第 8，共 9 个字节的数据。如果只想读取温度数据，那在读完第 0 和第 1 个数据后就不再理会后面 DS18B20 发出的数据即可。同样读取数据也是低位在前。

引导问题 7

填写 DS18B20 的主要特性，见表 5.18。

表 5.18　DS18B20 主要特性

特性	数据
测温范围	
可编程分辨率	
适应电压范围	
需要总线数量	
是否支持多点组网	

任务 4　基于 DS18B20 实现现场环境温度采集并显示

要求：基于 DS18B20 实现现场环境温度采集并使用数码管进行显示，温度显示分辨率为 12 位。

分析：

（1）针对 18B20 的函数设计：初始化→读取一个字节→写入一个字节→读取温度。

（2）主函数用于实现对温度的数码管显示。

参考代码如下：

```c
#include<reg52.h>
#include "18b20.h"

#define DataPort P0          //定义数据端口，程序中遇到DataPort,则
                             //用P0 替换

sbit LATCH1=P2^2;            //定义锁存使能端口，段锁存
sbit LATCH2=P2^3;            //               位锁存

bit ReadTempFlag;            //定义读时间标志

unsigned char code DuanMa[10]={0x3f,0x06,0x5b,0x4f,0x66,0x6d,0x7d,0x07,0x7f,0x6f};
unsigned char code WeiMa[]={0xfe,0xfd,0xfb,0xf7,0xef,0xdf,0xbf,0x7f};
unsigned char TempData[8];

void Display(unsigned char FirstBit,unsigned char Num);
                             //数码管显示函数
void Init_Timer0(void);      //定时器初始化
/*-------------------------------------------------
                  主函数
-------------------------------------------------*/
void main(void)
{
  unsigned int TempH,TempL,temp;
  Init_Timer0();
```

```c
        while(1)// 主循环
    {
      if(ReadTempFlag==1)
   {
     ReadTempFlag=0;
     temp=ReadTemperature();
     if(temp&0x8000)
       {
         TempData[0]=0x40;           // 负号标志
         temp=~temp;                 // 取反加1
         temp +=1;
       }
         else
         TempData[0]=0;


         TempH=temp>>4;
         TempL=temp&0x0F;
         TempL=TempL*6/10;           // 小数近似处理

         if(TempH/100==0)
         TempData[1]=0;
         else
         TempData[1]=DuanMa[TempH/100];         // 十位温度
       if((TempH/100==0)&&((TempH%100)/10==0))  // 消隐
      TempData[2]=0;
    else
        TempData[2]=DuanMa[(TempH%100)/10];     // 十位温度
        TempData[3]=DuanMa[(TempH%100)%10]|0x80; // 个位温度，
                                                 带小数点

        TempData[4]=DuanMa[TempL];
    TempData[6]=0x39;                            // 显示C符号
      }
     }
   }
```

```c
/*--------------------------------------------------
  显示函数，用于动态扫描数码管
--------------------------------------------------*/
void Display(unsigned char FirstBit,unsigned char Num)
{
    static unsigned char i=0;

    DataPort=0;                          // 清空数据，防止有
                                         // 交替重影
    LATCH1=1;                            // 段锁存
    LATCH1=0;

    DataPort=dofly_WeiMa[i+FirstBit];    // 取位码
    LATCH2=1;                            // 位锁存
    LATCH2=0;

    DataPort=TempData[i];                // 取显示数据，段码
    LATCH1=1;                            // 段锁存
    LATCH1=0;

    i++;
    if(i==Num)
    i=0;
}
/*--------------------------------------------------
              定时器初始化子程序
--------------------------------------------------*/
void Init_Timer0(void)
{
    TMOD |= 0x01;// 使用模式1、16位定时器
    EA=1;                                // 总中断打开
    ET0=1;                               // 定时器中断打开
```

学习笔记

```
    TR0=1;                              // 定时器开关打开
}
/*-----------------------------------------------
                    定时器中断子程序
-------------------------------------------------*/
void Timer0_isr(void) interrupt 1
{
 static unsigned int num;
 TH0=(65536-2000)/256;                  // 重新赋值 2 ms
 TL0=(65536-2000)%256;

 Display(0,8);                          // 调用数码管扫描
 num++;
 if(num==300)                           //
    {
     num=0;
     ReadTempFlag=1;                    // 读标志位置 1
    }
}
```

引导问题 8

小组内部仔细研究该程序代码，并分析出该任务的硬件连接方式，填写到表 5.19 中。

表 5.19　硬件连接方式

单片机接口	模块接口	杜邦线数量	功能

引导问题 9

小组内继续阅读并讨论程序，每位组员将自己对程序的理解和你认为的重点写到下面。

引导问题 10

基于上一问题的结论,小组合作完成硬件连接、编写代码、调试程序、下载、运行、观察结果。将实现过程中的心得体会写到"学习笔记"位置。

学习笔记

2. 制定计划

根据本项目所提出的任务要求,小组内互相讨论,制定工作计划(表 5.20)(工作时间列中,"实际"列先不填写)。将本小组选择该工作计划的理由写到下面横线上,并选派代表向全班汇报展示。

_____
_____
_____
_____
_____
_____

3. 决策

在充分分析并吸取其他各小组汇报的工作计划及教师点评的基础上,小组内部进行讨论,对原工作计划修改完善,制定新的工作计划(表 5.20)。

表 5.20 工作计划

序号	工作阶段/步骤	准备清单 元器件/工具/辅助材料	工作安全	工作人员	工作时间	
					计划	实际
1						
2						
3						
4						
5						
6						
工作环境保护						

日期: 教师: 学生:

注意:使用一种不同颜色的书写笔在原工作计划表上进行修改。

4. 实施

实施步骤 1 学生任务分配

填写学生任务分配表,见表 5.21。

学习笔记

表 5.21 学生任务分配表

班级		组号		指导教师	
组长		组员			
组员及分工	姓名		任务		

实施步骤 2　工具及器件检测

请正确选择项目中使用的工具和器件，在使用过程中注意维护与保养。工具使用前要对工具状态进行检查，若有损坏及时进行更换。填写工具及器件检测表，见表 5.22。

表 5.22 工具及器件检测表

序号	名称	工具状态是否良好	损坏情况（没有损坏则不填写）
1	单片机开发板	是○否○	
2	计算机	是○否○	
3	杜邦线	是○否○	
4	USB 连接线	是○否○	
5	Keil C51	是○否○	
6	STC-ISP	是○否○	
7	LED 灯（开发板上）	是○否○	
8	18B20	是○否○	
9	USB 驱动		

实施步骤 3　硬件连接

完成系统的硬件连接操作，填写表 5.23。

表 5.23 硬件连接

单片机 IO 口	模块接口	杜邦线数量	实现功能

246　单片机系统设计与开发案例教程

实施步骤 4　软件编写

参照任务 4 的代码实现，将需要实现的函数及其功能填入表 5.24。

表 5.24　函数名称及实现功能

序号	函数名称	实现功能	调用关系

实施步骤 5　系统联调测试

实现系统联调，输入测试数据，观察实验现象，总结系统开发实现规律。填写表 5.25，并填写工作计划表（表 5.20）中的实际时间栏。

表 5.25　项目任务单

序号	产品（任务）名称	完成情况	完成时间	责任人
1				
2				
3				
4				
5				
6				
7				

5. 检查

对照项目需求，明确检测要素，组内检测分工，仔细检查该项目的完成度，并填写表 5.26。若实施过程中出现故障，填写故障排查表（表 5.27）。

表 5.26　检测表

序号	检测要素	检测人员	完成度	备注
1				
2				
3				
4				

学习笔记

表 5.27　故障排查记录表

序号	故障现象	排查过程	解决方法
1			
2			
3			
4			

6. 评估

项目完成后，综合个人以及小组和班级其他同学在项目完成过程中的表现，对自己做出客观评价，明确学习的重点和后期的改进方向，并认真填写表 5.28。

表 5.28　综合评价

评价指标	评价内容	评价（百分制）
信息检索	能根据工作需要有效利用网络、图书资源、工作手册查找有用的相关信息	
仪态表达	表述仪态自然、吐字清晰；表达思路清晰、层次分明、准确	
团队精神	积极主动参与工作，与教师、同学之间相互尊重、理解、平等，保持多向、丰富、适宜的信息交流；能提出有意义的问题或能发表个人见解；能够倾听别人意见、协作共享	
学习方法	学习方法得体，有工作计划；探究式学习、自主学习不流于形式，处理好合作学习和独立思考的关系，做到有效学习	
工作过程	遵守管理规程，操作过程符合现场管理要求；善于多角度分析问题，能主动发现、提出有价值的问题；能够正确完成工作任务	
工匠精神	硬件连接稳定、可靠、美观；代码编写规范、严谨，有必要的注释	

四、知识扩展

1. LM35 温度传感器

LM35 是由 National Semiconductor 生产的温度传感器，其输出电压为摄氏温标（图 5.15）。LM35 是一种得到广泛使用的温度传感器。电源供应模式有单电源与正负双电源两种。引脚正负双电源的供电模式可提供负温度的测量，单电源模式在 25 ℃下静止电流约 50 μA，工作电压较宽，可在 4～20 V 的供电电压范围内正常工作，非常省电。

图 5.15　LM35

目前，已有两种型号的 LM35 可以提供使用。LM35DZ 输出为 0 ℃～100 ℃，LM35CZ 输出可覆盖 -40 ℃～110 ℃，且精度更高，两种芯片的精度都比 LM35 高，不过价格也稍高。

2. LM35 特性

（1）在摄氏温度下直接校准。
（2）+10.0 mV/℃的线性刻度系数。
（3）确保 0.5 ℃的精度（在 25 ℃）。
（4）额定温度范围为 -55 ℃～150 ℃。
（5）适合远程应用。
（6）工作电压范围宽，4～30 V。
（7）低功耗，小于 60 μA。
（8）在静止空气中，自热效应低，小于 0.08 ℃的自热。
（9）非线性仅为 ±1/4 ℃。
（10）输出阻抗，通过 1 mA 电流时仅为 0.1 Ω。

3. LM35 工作原理

温度传感器电路将测量到的温度信号转换成电压信号输出到信号放大电路，与温度值对应的电压信号经放大后输出至 A/D 转换电路，把电压信号转换成数字量送给单片机系统，单片机系统根据显示需要对数字量进行处理，再送温度显示系统进行显示。

引导问题 11
DS18B20 和 LM35 温度传感器有什么不同之处？

五、项目小结

1. 常见的温度传感器都有哪些？各有什么特点（至少写出 4 个）？

2. 除了温度传感器，你还能想到哪些传感器？它们都有什么作用？

3. 开发带有温度传感器的单片机系统，主要的实现思路是什么？

参考文献

[1] 姜大源. 职业教育学研究新论 [M]. 北京：教育科学出版社，2007.

[2] 徐国庆. 职业教育项目课程原理与开发 [M]. 上海：华东师范大学出版社，2017.

[3] 张毅刚. 51 单片机典型项目实战 [M]. 北京：人民邮电出版社，2018.

[4] 吴险峰. 51 单片机项目教程 [M]. 北京：人民邮电出版社，2018.

[5] 杜洋. 爱上单片机 [M]. 北京：人民邮电出版社，2018.

[6] 郭天祥. 新概念 51 单片机 C 语言教程 [M]. 北京：电子工业出版社，2018.

[7] 张平，赵光霞. AT89S52 单片机基础项目教程 [M]. 北京：北京理工大学出版社，2018.

[8] 彭伟. 单片机 C 语言程序设计实训 100 例 [M]. 北京：电子工业出版社，2015.